なぜ工場が儲からないのか？原価で解き明かす

【新版】中小企業・小規模企業のための

個別製造原価の手引書

実践編

株式会社アイリンク
照井清一

まえがき

本書は「中小企業･小規模企業のための個別製造原価の手引書」【基礎編】の続編です。

【基礎編】は、中小企業･小規模企業の方が個々の製品の原価（以下、個別原価）を計算するために、人や設備のアワーレートの計算方法や間接費用の計算方法をわかりやすく解説しました。

多くの経営者が悩むのは「この製品を1個つくるのにいくらかかるのだろうか」です。原価計算の専門書は多くありますが、大半が財務会計の原価計算の本で、個別原価の本は多くありません。また個別原価の本も、そこに書かれている方法は大企業が対象で中小企業には難しいものが多いです。

そこで、中小企業が個別原価を簡単に計算するために「中小企業・小規模企業のための個別製造原価の手引書」【基礎編】【実践編】を2020年に発売し累計1,000冊以上を買っていただきました。

今回､全面的に内容を見直し､よりわかりやすくしました。この【実践編】は、設備の大きさや無人・有人加工による原価の違い、段取時間短縮など皆さんが疑問に思っていることを具体的な金額で説明しました。また原価の視点で現場の問題点を把握する方法や利益を増やす方法も書きました。

本書の特徴は以下の3点です。

- 会計の知識がなくてもわかるわかりやすい内容
- 架空のモデル企業を使い具体的な数字で説明
- 直感的にわかるように区切りのいい数字にする。
  （正確さよりわかりやすさを重視）例　2,356円→2,350円

モデル企業は

A 社　機械加工・組立

B 社　樹脂成形品加工

です。詳細は巻末資料に記載しました。

他の業種の方でも自社に置き換えて読んでいただければ参考になると思います。

また、結果の具体的なイメージがわかるように弊社の原価計算システム「利益まっくす」の画面も掲載しました。

経営者・管理者にとって原価に必要なのは 2 点です。

① 「いくらでできるのか」正しく原価を予測し、適切な見積で受注して利益を確保する

② 「いくらでできたのか」実績原価を把握し、見積をオーバーしていれば原価低減や値上げ交渉などのアクションを行う

そのためにはマンパワーの限られる中小企業は手間をかけずに原価を計算し、その後の価格交渉やコストダウンに力を入れるべきと考えます。

本書が皆様のお役に立つことを願っています。

目次

第1章 製造原価の計算方法

この章は基礎編を要約したものです。基礎編をお持ちの方は、第2章から読んでいただいて構いません。

1節 製造原価の計算方法

1）製造原価の計算

製造原価＝材料費＋外注費＋製造費用　－ 式（1-1）

製造費用＝直接製造費用（労務費＋設備費）＋ 間接製造費用

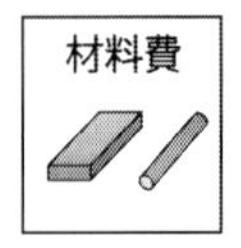

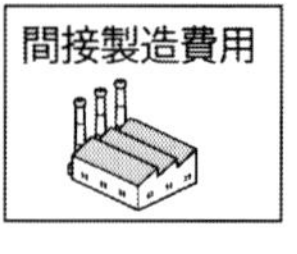

図 1-1-1　製造原価の構成

【材料費】

鋼材、樹脂原料などの原材料や、ボルト、ナットなどの購入品の費用です。材料費は使用量に単価をかけて計算します。

材料費＝単価×使用量　－ 式（1-2）

【外注費〈注1〉】

例えば熱処理など自社ではできない工程や、生産能力の不足により社外に製造を委託する場合など、製造工程の一部を社外に委託した費用です。

〈注1〉「外注」は「社内の業務を社外に依頼すること」を意味します。
一方、外注という言葉にネガティブなイメージを持つ方もいるため、より丁寧な表現として、「協力会社」「サプライヤー」を用いる企業もあります。本書では一般的な「社内の業務を社外に依頼すること」という意味で「外注」という言葉を使用します。

【製造費用】

製品１個の製造費用は、製品１個の直接製造費用と間接製造費用の合計です。直接製造費用は､1時間当たりの費用（アワーレート〈注2〉）に１個の製造時間をかけて計算します。

製造費用＝アワーレート×製造時間

〈注2〉アワーレートは、チャージ、賃率、ローディングなどと呼ばれることもあります。意味は同じなので本書ではアワーレートとします。アワーレートの単位時間は、１時間(円/時間)の他、１分(円/分)、１秒(円/秒)の場合もあります。

人の製造費用「製造費用（人）」は、作業者の１時間当たりの費用「アワーレート（人）」に人の製造時間をかけて計算します。

製造費用（人）＝アワーレート（人）×製造時間（人）

段取がある場合、製造時間は１個当たりの段取時間と加工時間の合計です。

１個当たりの段取時間は、１回の段取時間をロット数で割って計算します。

$$\text{製造時間} = \frac{\text{段取時間}}{\text{ロット数}} + \text{加工時間} \quad -（式1\text{-}3）$$

設備の製造費用「製造費用（設備）」は「アワーレート（設備）」に設備の製造時間をかけて計算します。

製造費用（設備）＝アワーレート（設備）×製造時間（設備）

【間接製造費用】

間接製造費用は、間接部門の人件費や工場の経費など、どの製品にどのくらいかかったのかはっきりわからない費用です。間接製造費用の計算は「第２章　２節 関接製造費用の分配」で説明します。

2) アワーレート（人）の計算

アワーレート（人）は、人の年間費用を年間の就業時間と稼働率で割って計算します。

$$\text{アワーレート（人）} = \frac{\text{年間費用}}{\text{年間就業時間} \times \text{稼働率}} \quad \text{－（式 1-4）}$$

【人の年間費用】

賞与や各種手当を含めた年間の総支給額に会社負担の社会保険料を加えた金額です。

【年間就業時間】

残業も含めた勤務時間の年間合計です

【稼働率】

年間の就業時間の中で実際に付加価値を生み出している時間の割合です。作業者の１日には**図 1-1-2** のように、１日現場にいてもトイレのため離席したり、資材を探しに行ったり、付加価値を生み出していない「稼いでいない時間」があります。

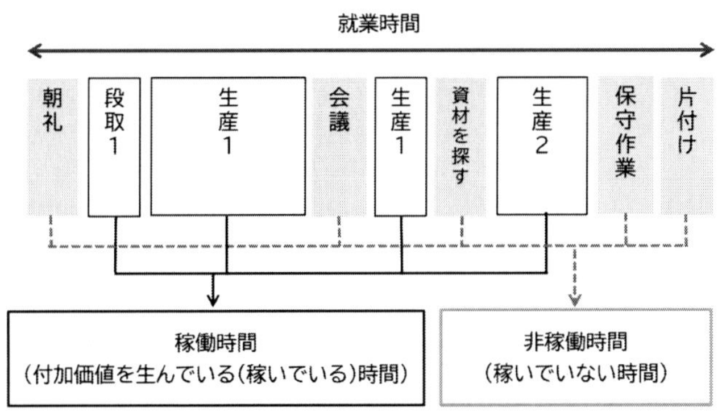

図 1-1-2 直接作業者の１日

そこで１日の就業時間から付加価値を生み出していない時間を差し引きます。これが稼働時間（実際に稼いでいる時間）です。稼働率は稼働時間を就業時間で割ったものです。アワーレートの計算では、稼働率は年間の平均値を使用します。

この稼働率という言葉はいろいろなところで使われ、稼働率の意味も異なります。本書では稼働率は「稼働時間を就業時間で割ったもの」とします。

$$稼働率 = \frac{稼働時間}{就業時間} \quad -（式 1\text{-}5）$$

稼働率は、１日現場に入っている作業者でも 80 ～ 95% 前後です。現場のリーダーはもっと低くなります。

本書は段取時間を稼働時間に入れています。その理由は、本書は段取費用も見積に入れるため、段取時間も「お金を稼いでいる時間」としているからです。

多品種少量生産や単品生産では、原価に占める段取費用が高く、しかもこの段取費用はロット（の大きさ）で変わります。そこで段取費用を見積に入れてロットが変わった場合も適切に原価に反映させます。

一方、大量生産で段取の頻度が少なければ、段取費用は見積に入れません。その場合、段取時間は非稼働時間です。

現場〈注3〉では賃金の異なる作業者が働いています。そのため作業者のアワーレート（人）は一人一人異なります。しかし「誰が、いつ、どの製品を製造したのか」を把握するのは困難です。そこで、それぞれの作業者のアワーレート（人）を現場全体で平均した「平均アワーレート（人）」をその現場のアワーレート（人）とします。平均アワーレート（人）は以下の式で計算します。

$$\text{平均アワーレート（人）} = \frac{\text{各作業者の年間費用合計}}{\text{（就業時間}\times\text{稼働率）の合計}} \quad \text{－（式 1-6）}$$

〈注3〉本書は、アワーレートを計算する組織の単位を「現場」と呼びます。同じ部署でも設備の種類が異なりアワーレートも異なれば別の現場とします。例えば、製造１課にマシニングセンタと NC 旋盤があれば、現場１はマシニングセンタ、現場２は NC 旋盤とします。

3）アワーレート（設備）の計算

アワーレート（設備）は、設備の年間費用を設備の稼働時間で割って計算します。

アワーレート（設備）

$$= \frac{\text{設備の年間費用（減価償却費＋ランニングコスト）}}{\text{年間操業時間}\times\text{稼働率}} \quad \text{－（式 1-7）}$$

【設備の年間費用】

設備の年間費用は、以下の２つです。

- 設備の購入費用→減価償却費
- ランニングコスト→動力費、水道光熱費、消耗品、保守費など

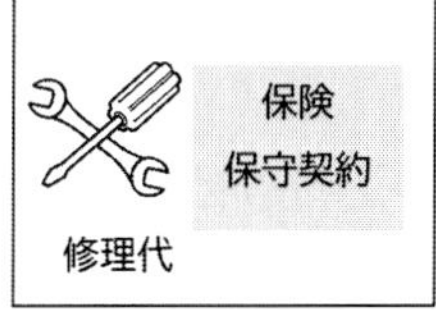

図 1-1-3 ランニングコストの例

他にも設備にかかる費用には、消耗品、保守費、修理費などがあります。これらの費用は、決算書（製造原価報告書）の「製造経費」に示されています。

この製造経費はどの設備にどのくらいかかったのか正確にわかりません。そこで間接製造費用として各現場に一定の比率で分配〈注4〉します。

もし特定の設備が修理や保守のために多額の費用がかかる場合、それはその現場固有の費用とします。

〈注4〉本書は、間接製造費用を個々の製品に割り振ることを「分配」と呼びます。会計では割り振ることを「配賦」と呼びます。この配賦も「割り当てる」という意味です。会計では「配賦」のほかに「賦課」という言葉もあり、以下のように使い分けています。
配賦：製造原価を計算する際に、間接費を何らかの基準（配賦基準）を用いて振り分けること
賦課：製造原価を計算する際に、「何に」「どれだけ」使ったのかがわかる直接費を振り分けること
このような使い分けをしていて「直接費を賦課する、間接費を配賦する」と言うような表現をします。しかし、本書では難しい会計用語を用いず、一般的な「分配」を使用します。

【年間操業時間】

残業時間も含めて設備を動かしている時間の年間の合計です。設備の中には、年間で半分しか稼働しないものもあります。その場合アワーレート（設備）は高くなります。

【稼働率】

年間操業時間の中で実際に付加価値を生み出している時間の割合で

す。考え方や計算方法は人の場合と同じです。設備の稼働率は、日報や設備のメーターから調べます。わからない場合は、仮に○％と決めて計算します。

現場に同じ設備が複数台あった場合「どの設備が、いつ、どの製品を製造したのか」把握するのは大変です。そこで各設備を平均した「平均アワーレート（設備）」を計算し、その現場のアワーレート（設備）とします。平均アワーレート（設備）は以下の式で計算します。

$$\text{現場の平均アワーレート（設備）} = \frac{\text{（設備の償却費＋ランニングコスト）現場の合計}}{\text{（年間操業時間×稼働率）現場の合計}} \quad \text{-（式 1-8）}$$

2節 税法の減価償却費と実際の減価償却費

設備の購入費用は、減価償却費として計上します。減価償却費は以下の特徴があります。

- 減価償却の方法は定額法と定率法の 2 種類あり、企業が選択
- 耐用年数は、「法定耐用年数」として税法で決められている

【定率法と定額法】

定率法と定額法は以下の違いがあります。

定額法：購入価格を法定耐用年数で割った金額で、毎年同じ金額を償却

定率法：毎年簿価の一定割合を減価償却の金額とする。簿価は毎年下がるため減価償却の金額も毎年下がる（途中から一定金額になる）

2,100 万円、法定耐用年数 10 年の設備を購入した場合の定率法と定額法の減価償却費を**図 1-2-1** に示します。

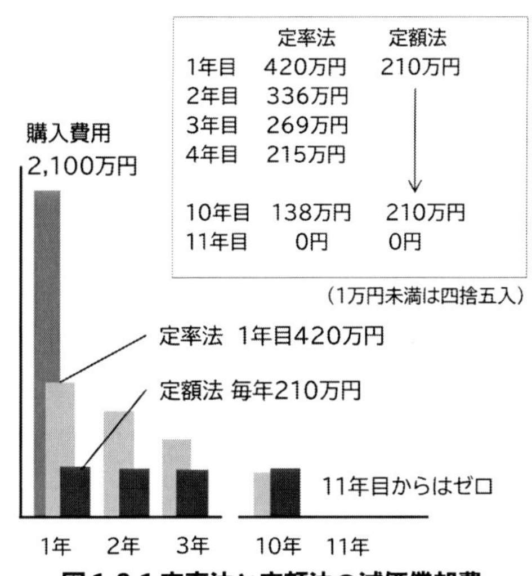

図 1-2-1 定率法と定額法の減価償却費

図 1-2-1 では、定率法の減価償却費は年々減少し、6 年目から定額になります。定額法は 10 年間一定の金額です。どちらも法定耐用年数 10 年を過ぎれば減価償却はゼロになります。

定額法と定率法のどちらかにするかは企業が決めます。中小企業は定率法を採用する企業が多いです。法定耐用年数は設備毎に税法で決められています。

アワーレート（設備）を計算する際、この税法の減価償却費を使用すると以下のようなことが起きます。

- 定率法では、減価償却費が年々減少する
- 法定耐用年数を過ぎて設備を使用した場合、減価償却費はゼロになる

定率法の減価償却費からアワーレート（設備）を計算すると、毎年アワーレート（設備）が減少します。しかも法定耐用年数を過ぎれば減価償却費はゼロです。そうなるとアワーレート（設備）を低くしても利益が出ます。顧客からの強い値下げ要求があれば、価格を下げることができます。価格を下げても大丈夫でしょうか。

設備は更新時期がいつか来ます。設備を更新すれば新たに減価償却費が発生します。増えた減価償却費の分値上げしないと赤字になってしまいます。しかし設備を更新したからといって値上げできるでしょうか。

減価償却費からアワーレート（設備）を計算すると、このような問題が起きます。そこで設備の購入費用を実際の耐用年数で均等に割った費用（本書ではこれを「実際の償却費」と呼ぶことにします）からアワーレート（設備）を計算します。大企業の多くは、この実際の償却費で減価償却を行っています。（**図 1-2-2**）

この実際の償却費は以下の式で計算します。

$$\text{実際の償却費} = \frac{\text{設備の購入金額}}{\text{本当の耐用年数}} \quad \text{-（式 1-9）}$$

図 1-2-2 では、定率法の減価償却費は 1 年目 420 万円、2 年目 336 万円と減少し、11 年目からゼロになります。これに対して本当の耐用年数が 15 年の場合、実際の償却費は毎年 140 万円です。

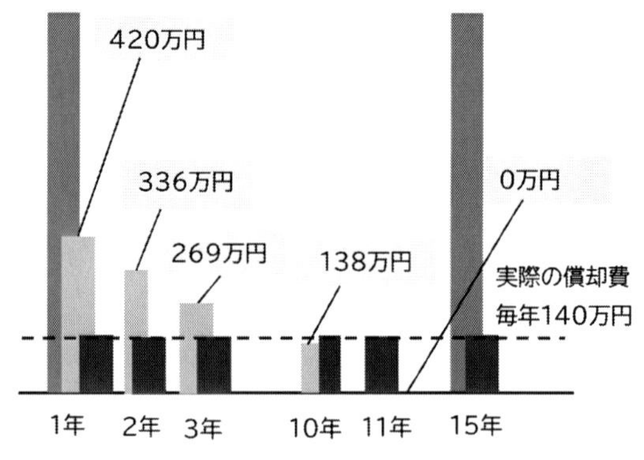

図 1-2-2　実際の償却費

3節 間接製造費用

工場の費用は、直接製造費用と間接製造費用があります。

【直接製造費用】

ある製品を製造するのにどのくらいかかったのかが明確にわかる費用（人の費用と設備の費用があります）

【間接製造費用】

どの製品にどのくらいかかったのかが明確にわからない費用

（間接部門の費用や消耗品、他に工場全体で発生する費用）

直接製造費用は、製品１個当たりの費用を計算して製造原価に組み込みます。具体的には、直接製造費用からアワーレート（人）、アワーレート（設備）を計算します。個々の製品の製造費用は、アワーレートに製造時間をかけて計算します。

図1-3-1　直接製造費用と間接製造費用

間接製造費用は、何らかのルールを決めて各現場に分配します。そして各現場の直接製造費用と分配された間接製造費用の合計から、間接製造費用さを含んだアワーレートを計算します。このアワーレートを本書ではアワーレート間（人）、アワーレート間（設備）と呼びます。

現場の平均アワーレート間（人）

$$= \frac{\text{直接作業者人件費合計}+\text{間接作業者人件費合計}+\boxed{\text{間接製造費用分配}}}{\text{直接作業者の稼働時間合計}}$$

－（式 1-10）

現場の平均アワーレート間（設備）

$$= \frac{\text{直接製造設備費用合計}+\text{間接製造設備費用合計}+\boxed{\text{間接製造費用分配}}}{\text{直接製造設備の稼働時間合計}}$$

－（式 1-11）

4節 販売費及び一般管理費

製造業で発生する費用のうち、製造に直接関係しない費用が販売費及び一般管理費（以降、販管費）です。これは以下の二つの費用です。

販売費　　：商品や製品を販売するための費用

一般管理費：会社全般の業務の管理活動にかかる費用

製造業の人や設備の多くは製造のためです。従って、一般管理費の大半は製造のための管理費です。会計上の扱いが異なるため、製造原価と販管費は分けていますが、本質はどちらも製造に不可欠な費用です。また**図1-4-1**に示すように経理や会計事務所によっては人材派遣、車両費、運賃などは販管費だったり製造原価だったりします。

従って製造原価に販管費を加えたものが本当の原価と考えます。これを会計では「総原価」と呼びます。本書は「販管費込み原価」と呼ぶことにします。

最近は中小企業も管理業務が増え、多くの中小企業は販管費が売上高の 15 ～ 30% を占めています。従って、見積には販管費も入れて、それでも必要な利益が得られる金額にします。

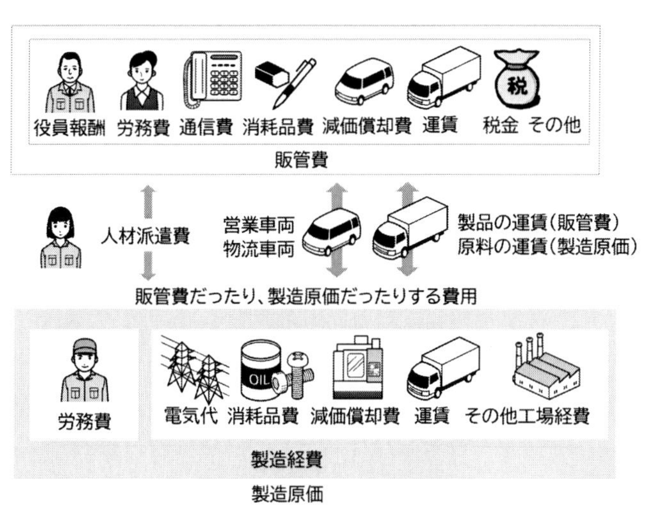

図 1-4-1 製造原価と販管費

それぞれの製品の販管費は製造原価に一定の比率をかけて計算します。本書はこの比率を「販管費レート」と呼びます。販管費レートは以下の式で計算します。

$$\text{販管費レート} = \frac{\text{決算書の販管費}}{\text{決算書の製造原価}} \quad -（式 1\text{-}12）$$

販管費＝製造原価×販管費レート　－（式 1-13）

販管費込み原価＝製造原価＋販管費　－（式 1-14）

5節 目標利益

販管費込み原価に目標利益を加えたものが見積金額です。

見積金額＝販管費込み原価＋目標利益－（式 1-15）

目標利益の決め方は企業によってそれぞれのやり方があります。参考までに前年度の営業利益率から計算する方法を紹介します。

先期の営業利益率は以下の式で計算します。

$$先期の営業利益率 = \frac{先期の営業利益}{先期の売上高}$$

あるいは今期の目標売上高と目標営業利益がわかっていれば、以下の式で目標営業利益率を計算できます。

$$目標営業利益率 = \frac{目標営業利益}{目標売上高} \quad -（式1\text{-}16）$$

例えば、前年度の営業利益率は3%、今年度の目標営業利益率を8%としました。

見積書の目標利益は、**図1-5-1**に示すように販管費込み原価から計算します。そこで営業利益率でなく、販管費込み原価に対する利益率（販管費込み原価利益率）を計算します。

図1-5-1

この販管費込み原価利益率は、以下の式で計算します。

$$販管費込み原価利益率 = \frac{目標営業利益率}{1 - 目標営業利益率} \quad -（式1\text{-}17）$$

図1-5-1から先期の営業利益率は3%、それを元に今期の目標営業利益率を8%とした場合

$$販管費込み原価利益率 = \frac{0.08}{1 - 0.08} = 0.087$$

目標利益は、販管費込み原価に販管費込み原価利益率をかけて計算します。

目標利益＝販管費込み原価×販管費込み原価利益率　–（式 1-18）

6節 まとめ

製造原価＝材料費＋外注費＋製造費用　－式（1-1）

材料費＝単価×使用量　－式（1-2）

$$製造時間 = \frac{段取時間}{ロット数} + 加工時間$$ －（式 1-3）

$$アワーレート（人）= \frac{年間費用}{年間就業時間 \times 稼働率}$$ －（式 1-4）

$$稼働率 = \frac{稼働時間}{就業時間}$$ －（式 1-5）

$$平均アワーレート（人）= \frac{各作業者の年間費用合計}{（就業時間 \times 稼働率）の合計}$$ －（式 1-6）

アワーレート（設備）

$$= \frac{設備の年間費用（減価償却費 + ランニングコスト）}{年間操業時間 \times 稼働率}$$ －（式 1-7）

現場の平均アワーレート（設備）

$$= \frac{（設備の償却費 + ランニングコスト）現場の合計}{（年間操業時間 \times 稼働率）現場の合計}$$ －（式 1-8）

$$実際の償却費 = \frac{設備の購入金額}{本当の耐用年数}$$ －（式 1-9）

$$\text{現場の平均アワーレート間（人）} = \frac{\text{直接作業者人件費合計}+\text{間接作業者人件費合計}+\boxed{\text{間接製造費用分配}}}{\text{直接作業者の稼働時間合計}}$$

－（式 1-10）

$$\text{現場の平均アワーレート間（設備）} = \frac{\text{直接製造設備費用合計}+\text{間接製造設備費用合計}+\boxed{\text{間接製造費用分配}}}{\text{直接製造設備の稼働時間合計}}$$

－（式 1-11）

$$\text{販管費レート} = \frac{\text{決算書の販管費}}{\text{決算書の製造原価}}$$

－（式 1-12）

販管費＝製造原価×販管費レート　－（式 1-13）

販管費込み原価＝製造原価＋販管費　－（式 1-14）

見積金額＝販管費込み原価＋目標利益　－（式 1-15）

$$\text{目標営業利益率} = \frac{\text{目標営業利益}}{\text{目標売上高}}$$

－（式 1-16）

$$\text{販管費込み原価利益率} = \frac{\text{目標営業利益率}}{1-\text{目標営業利益率}}$$

－（式 1-17）

目標利益＝販管費込み原価×販管費込み原価利益率　－（式 1-18）

第2章 難しい原価計算を分かりやすく解説

本書を手に取られた方の中には、他の原価計算の本を読まれた方もいるかもしれません。そこで説明されている原価計算は「難しいけど、求めているものと違う」と感じたかもしれません。それは財務会計と工場の管理では、原価計算の目的が違うためです。

本章では、工場の管理のための原価計算と、財務会計の原価計算との違いをわかりやすく説明します。

財務会計の原価計算とはどのようなものでしょうか。

1節 財務会計の原価計算の目的

1）財務会計の原価計算とは？

会計には財務会計の他に管理会計があります。

【財務会計（制度会計）】

目的は会社の利益と資産の適切な計算

対象は株式市場、金融機関、税務署など社外

財務会計の原価計算には

- 個別原価計算と総合原価計算
- 実績原価計算と標準原価計算

などがあります。

【管理会計】

目的は内部管理、対象は社内

- 経営分析

財務会計の目的は、ある期間での原価を明らかにし、この原価から利益を計算し関係者へ報告することです。報告する対象は金融機関、税務署、証券市場など社外の関係者です。そのため財務会計の原価計算は、恣意性を排除した客観的な数値が求められます。

財務会計の原価計算には、個別原価計算と総合原価計算、実際原価計算と標準原価計算など様々な種類があります。

一方、管理会計の目的は、内部管理です。客観性より内部管理に役立つことが重視されます。しかし管理会計（直接原価計算）は、決算書など社外への報告には使えません。

このように、会計には外部報告と内部管理の２つの目的があります。本書で説明する原価計算も内部管理のためです。ただし管理会計とは目指すところが少し違うため、管理会計と区別するため「**工場管理のための原価計算**」と呼びます。

なぜ財務会計の原価計算と別に工場管理のための原価計算が必要なのでしょうか。

2）原価計算の種類　個別原価計算と総合原価計算とは？

財務会計の原価計算は、適切に利益を計算するため、期間（月毎、四半期毎）を区切って計算します。この原価計算は製品によって以下の種類があります。

【個別原価計算】

図 2-1-1 に示すように毎回違う製品を製造する場合の原価計算です。受注毎に製造指図書を発行し、費用（材料費や労務費など）は製造指図書毎に集計します。

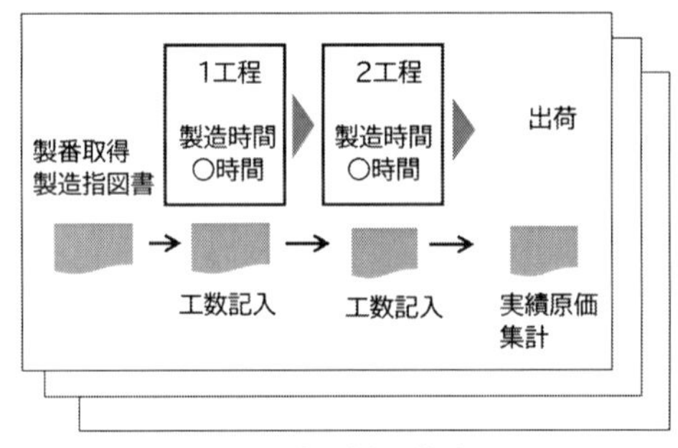

製造指図書毎に集計

図 2-1-1 個別原価計算

【総合原価計算】

図 2-1-2 に示す同じものを繰り返し製造する場合の原価計算です。製造指図書は発行しません。

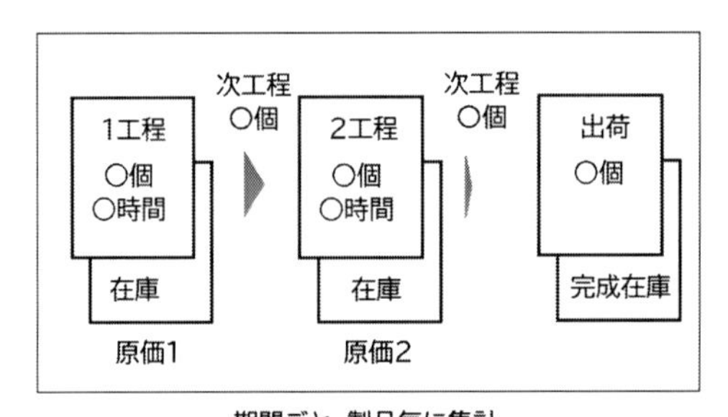

期間ごと、製品毎に集計

図 2-1-2 総合原価計算

個別原価計算では、製品が完成すれば製造指図書に実績時間が記入され、それを元に原価が計算できます。

総合原価計算では、同じ製品が連続して製造されます。そのため期間（例えば毎月）を区切って費用を計算します。例えば、毎月原価を計算するには、月初の仕掛品と完成品の数、月末の仕掛品と完成品の数が必要です。そのためには毎月棚卸をしなければなりません。また、賞与のような特定の月に発生する費用は、毎月均等になるように金額を計算します。棚卸資産の評価も必要です。〈注1〉

〈注1〉在庫（棚卸資産）の評価方法には以下のものがあります。この在庫の評価方法はあらかじめ税務署に「棚卸資産の評価方法の提出書」を提出しなければなりません（提出しなければ最終仕入原価法とされます。）

【個別法】
在庫毎に個別の単価を使って計算する方法
【先入先出法】
先に仕入れたものから順次払い出され、後から仕入れたものは期末に残ると考えて計算する方法
【平均原価法】
総平均法：期間中に仕入れたものの平均原価を計算する方法
（平均単価は期中に仕入れたものの価格の総額を総個数で割って計算する。平均単価に期末の在庫数をかけて計算する。）
移動平均法：仕入れが発生する都度移動平均を計算する方法
【売価還元法】
原価を売価で割って原価率を計算し、在庫金額は在庫の売価に原価率をかけて計算する方法
【最終仕入原価法】
期中の最後に仕入れた原価を使って計算する方法
【低価法】
原価法の評価額と時価を比較し評価額が低い方とする方法（時価の方が低い場合、原価法と時価の差額は評価損として計上する。時価は売価または再調達原価を使用する。）

【標準原価計算】

連続して生産する製品では、材料費や製造費用が毎月変動することがあります。そのため正確な原価は実績原価を計算しないとわかりません。これでは予算を立てるのにも不便です。そこで予め材料費や製造時間から標準原価を決め、これを元に予算を立てます。これが標準原価計算です。

標準原価に対し実績原価は、差（原価差異）が生じます。そこで原価差異を計算して利益を修正します。

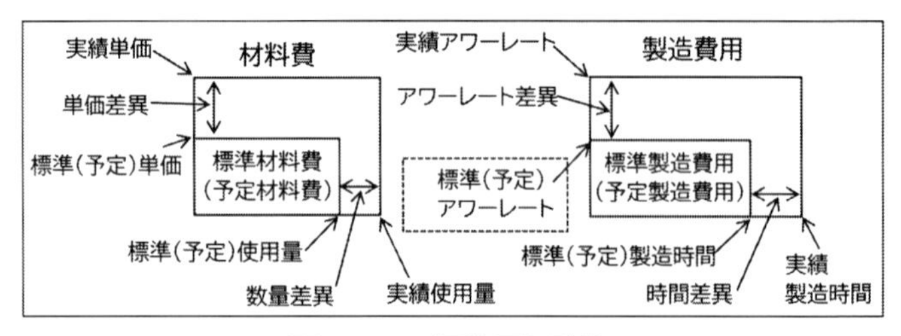

図 2-1-3　標準原価計算

原価差異の原因には、

・材料費：材料単価や使用量

・製造費用 (人)：人件費や稼働率

・製造費用 (設備)：設備の稼働率

・間接製造費用：間接部門労務費や工場経費

などがあります。

このように財務会計に従い原価計算を正しく行うには

・個別原価計算では、製造指図書毎に実績原価の集計

・総合原価計算では、月初と月末の棚卸

・標準原価計算では、原価差異の適切な計算

が必要です。

しかし、マンパワーの限られる中小企業が新たにこれを行うのは大変です。

3) 間接製造費用はどうやって分配するのか？

さらに個別原価を計算するためには、間接製造費用を各製品に分配しなければなりません。実際、間接製造費用は、原価の中で高い割合を占めます。間接製造費用の主なものは、

・間接部門の人の費用

・工場の製造経費

です。

A社の間接製造費用を**図 2-1-4** に示します。

- 直接製造部門では
  間接作業者や管理者
- 間接部門では
  生産管理や品質管理
- また製造経費では
  水道光熱費や修理費、家賃など様々な費用

があります。

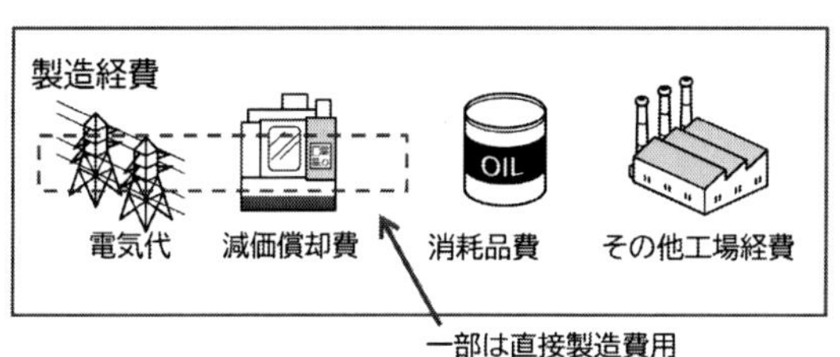

図 2-1-4　A 社の間接製造費用

間接作業者や間接部門は、直接製品を製造しません。つまりお金を稼いでいません。そのため、これらの費用は製品の売上で賄われます。そして実際に製品をつくっているのは、直接作業者や製造設備です。つまり間接作業者や間接部門は、直接製造部門に支えてもらっているのです。（**図 2-1-5**）

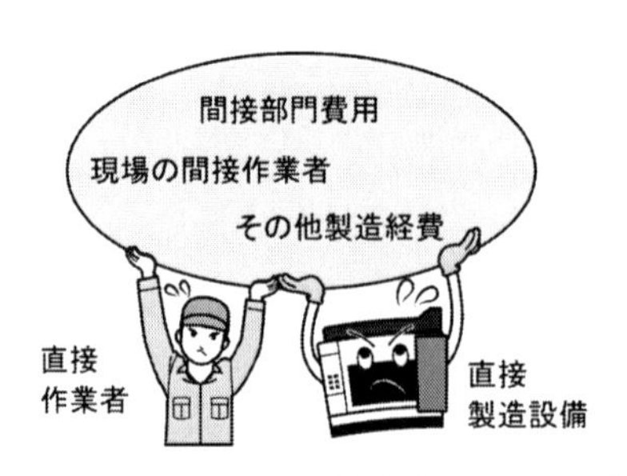

図 2-1-5　間接部門の費用は直接作業者と設備が支えている

この間接製造費用はどうやって分配すればいいのでしょうか。

2節　間接製造費用の分配

1）間接製造費用の分配１　製品に直接分配

ひとつの方法は、各製品の直接製造費用を計算し、この直接製造費用に何らかのルールで間接製造費用を分配する方法です。

原価計算の本には分配基準の例として、「直接材料費、直接労務費、直接製造費用、直接活動時間、機械稼働時間、生産量、売上高」が書かれています。

しかし直接材料費を基準にすれば、製品によって材料費の比率が異なると間接製造費用が変わってしまいます。このようにそれぞれ一長一短があるため、本書は比較的問題の少ない直接製造費用を使用します。

本書では、直接製造費用に対する間接製造費用の比率を間接費レートと呼びます。この間接費レートは決算書の直接製造費用と間接製造費用から計算します。

$$\text{間接費レート} = \frac{\text{先期の間接製造費用}}{\text{先期の直接製造費用}} \quad \text{-（式 2-1）}$$

個々の製品の間接製造費用、製造費用は以下の式で計算します。

間接製造費用＝直接製造費用×間接費レート

製造費用＝直接製造費用＋間接製造費用
　　　　＝直接製造費用×（1＋間接費レート）－（式2-2）

2）間接製造費用の分配2　各現場に分配

間接製造費用を各現場に分配し、各現場の直接製造費用と間接製造費用からアワーレートを計算する方法です。1)の製品に直接分配する方法では、すべての製品が同じ間接費レートになります。もし間接製造費用が多い現場と少ない現場があれば、ひとつの間接費レートでは不十分です。例えば、高額な設備が多い現場と作業者だけの現場があった場合、高額な設備の多い現場には間接製造費用を多く分配した方が適切です。

そこで、間接製造費用を各現場に分配し、現場毎の間接製造費用と直接製造費用の合計から、アワーレートを計算します。これを**図2-1-6**に示します。

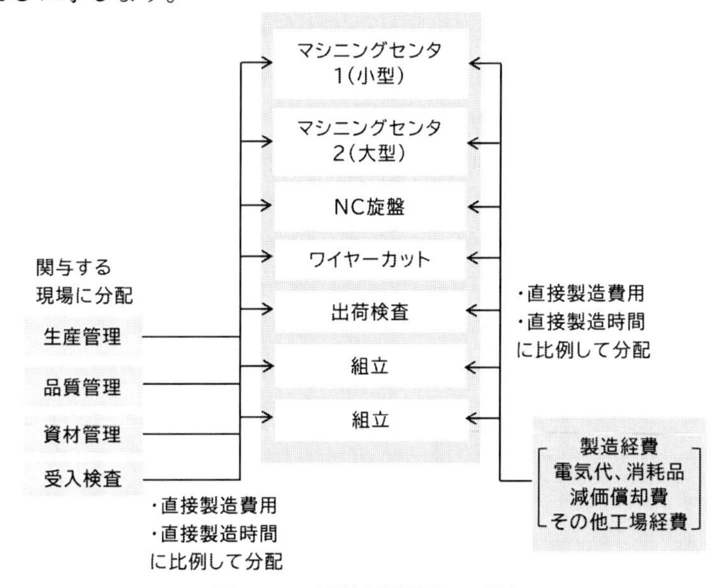

図2-1-6　間接製造費用の分配

各現場への間接製造費用の分配は、各現場の (1) 直接製造**費用**、もしくは (2) 直接製造**時間**に比例して計算します。ただし、特定の現場でとても多く消費している費用があれば、その現場固有の費用とします。

(1)直接製造**費用**に比例

直接製造費用が大きい現場は生み出す付加価値も高いため、間接製造費用をたくさん負担させるという考えです。

(2)直接製造**時間**（人の稼働時間と設備の稼働時間の組合せ）に比例

直接製造時間が大きい現場は工場の資源（リソース）を多く使用するため、生み出す付加価値も高いと考えます。

その分間接製造費用をたくさん負担させる考えです。

人の合計時間と設備の合計時間の組み合わせとは、

- 人の時間で分配する場合、無人加工の現場では人の移動時間はゼロです。そういった現場には設備の稼働時間で分配します。
- 設備の時間で分配する場合、設備がなく人だけで製造する現場では設備の時間がゼロです。その場合は人の稼働時間で分配します。

図 2-1-7 は、A 社の各現場の稼働時間と間接製造時間の分配を示します。

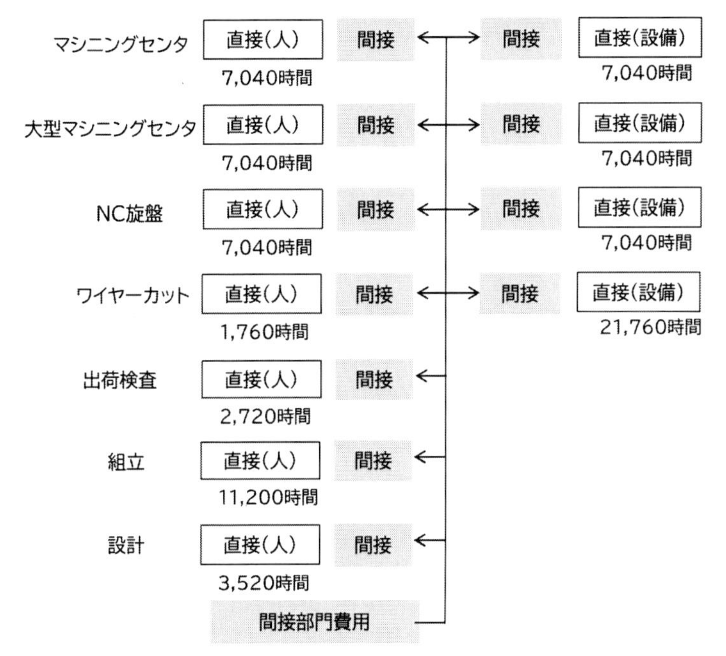

図 2-1-7　合計時間に比例した場合

どちらの分配ルールを採用するかでアワーレートは変わります。しかし、どちらが正解ということはないので、自社に合った方法を選択します。

間接製造費用も含めたアワーレート間は、第１章３節より

平均アワーレート間（人）

$$= \frac{\text{直接作業者人件費合計}+\text{間接作業者人件費合計}+\boxed{\text{間接部門費用分配}}}{\text{直接作業者の稼働時間合計}}$$

-（式 1-10）

平均アワーレート間（設備）

$$= \frac{\text{直接製造設備費用合計}+\text{間接製造設備費用合計}+\boxed{\text{間接部門費用分配}}}{\text{直接製造設備の稼働時間合計}}$$

-（式 1-11）

この間接製造費用は大半が固定費です。
固定費とはどのような費用でしょうか。

3節 損益分岐点と固定費の回収とは？

1）変動費と固定費

会社で発生する費用には、変動費と固定費があります。

変動費：生産量に比例して増加する費用
　　　　原材料費、購入部品費や外注費など
固定費：生産量に関係なく常に一定の金額が発生する費用
　　　　家賃や減価償却費、賃金の固定給の部分など

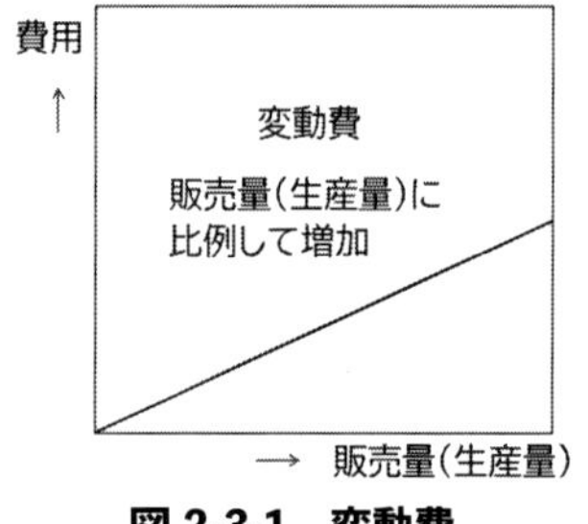

図 2-3-1　変動費

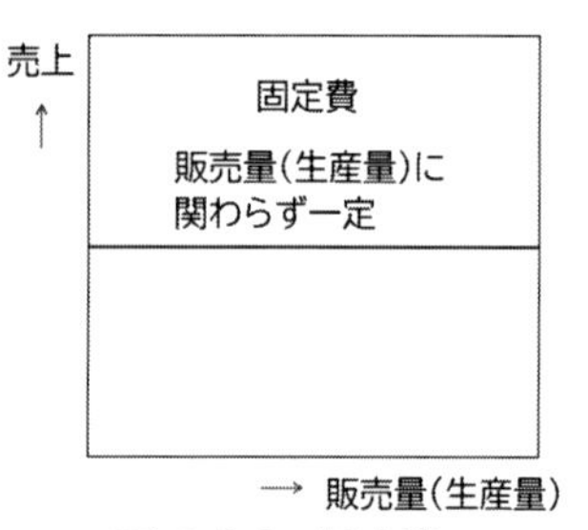

図 2-3-2　固定費

変動費と固定費の割合は事業によって変わります。
他にも準変動費と準固定費があります。

準変動費：固定費の部分と変動費の部分があるもの
　　　　　電気代などは、固定契約部分と
　　　　　従量課金部分があります
準固定費：パート・アルバイト代など、
　　　　　１人２人と段階的に増加するもの

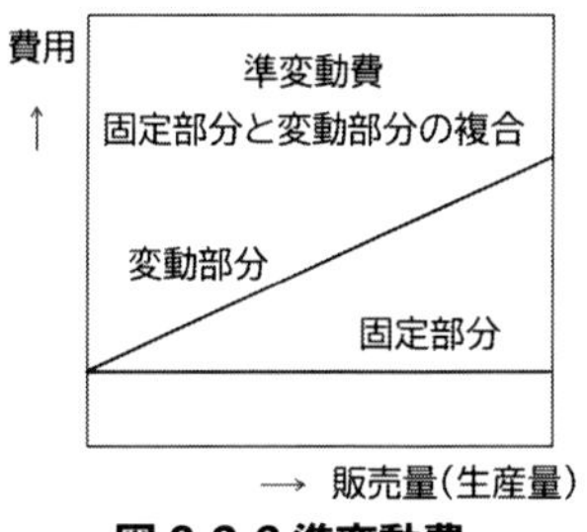

図 2-3-3 準変動費

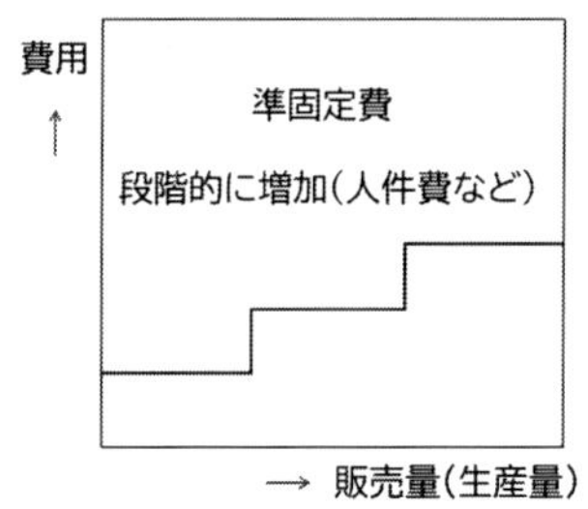

図 2-3-4　準固定費

もし原価が100% 変動費であれば、売上が下がれば費用も下がります。そのため売上がどれだけ下がっても利益が出ます。

実際は固定費があるので、売上がどんどん下がればどこかで赤字になります。この利益がゼロになる売上が損益分岐点売上高です。**図 2-3-5** に固定費と変動費、損益分岐点売上高の関係を示します。

これは原価どういう関係があるのでしょうか。

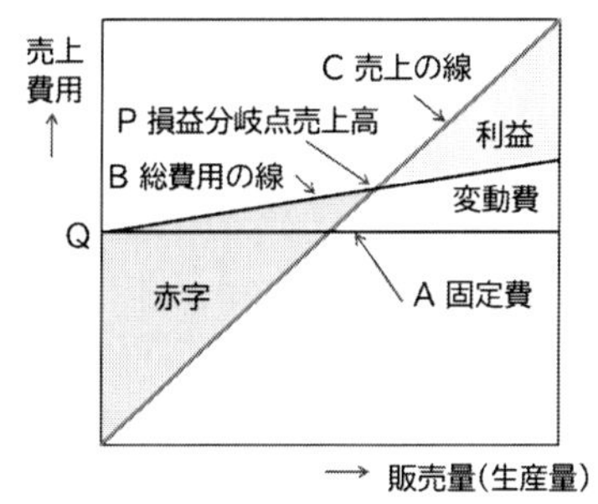

固定費：水平な線 A
変動費：Q 点から右上に伸びた直線 B
直線 B：総費用（変動費＋固定費）を示す
売上高：原点から右上に伸びた線 C
損益分岐点：売上高の線 C と総費用線 B の交点 P

$$損益分岐点売上高 = \frac{固定費}{1 - (変動費 / 売上高)}$$

図 2-3-5　損益分岐点線図

固定費が高ければ損益分岐点は高くなります。そうなると、以前よりも少し売上が減少しただけで赤字になります。

この固定費が高い事業は次のような特徴があります。

2) 変動費の高い事業と固定費の高い事業、固定費の回収

図 2-3-5 の損益分岐点線図は、固定費の比率が高い事業です。固定費の比率の高い事業の例として、ホテルなど宿泊業、航空機・鉄道などの旅客輸送業などがあります。こうした固定費が高い事業は、売

上が損益分岐点を下回れば大きな赤字が出ます。そのため、売上が少なければ値段を下げてでも販売量を増やして売上を増やします。例えば、ホテルは空き室があれば値段を下げ、飛行機は空席があれば安く売ります。そして製造業も固定費の比率が高い事業です。

これに対して**図 2-3-6** は変動費の比率の高い事業です。**図 2-3-5** と比べ損益分岐点が低く、売上が損益分岐点を下回っても赤字の大きさは**図 2-3-5** より少ないです。一方、総費用線の傾きと売上線の傾きが近く、売上が損益分岐点を上回っても利益は**図 2-3-5** ほど増えません。

このように固定費が少なければ売上減少に強い反面、生み出す付加価値が少なくなります。こうした変動費の比率の高い事業には、小売業や卸売業などがあります。

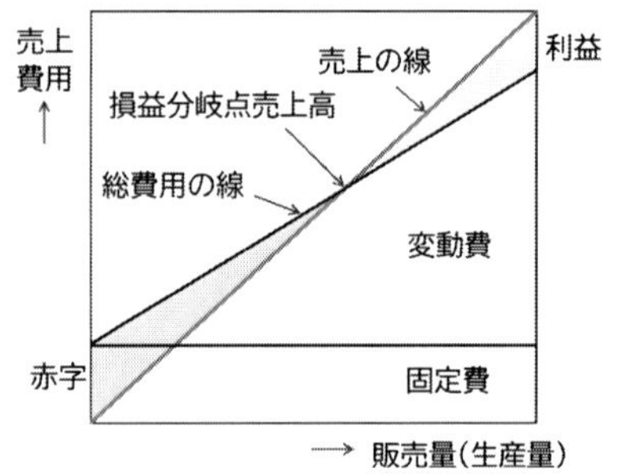

図 2-2-6　変動費の比率の高い事業の損益分岐点線図

航空会社の固定費が高いのは、飛行機を運航するために多くの人や設備があるからです。この固定費が高い付加価値を生みます。

製造業の場合、固定費は工場の建物や設備、人です。利益を出すためには、固定費に見合うだけの売上が必要です。これを「**固定費の回収**」と呼びます。

固定費の回収を考えると 1 個の利益は少なくても受注量が多ければ、固定費を多く回収できます。売上が少ない時は、受注量が多ければ赤字の製品でも固定費が多く回収できます。この赤字受注については、第 5 章 1 節で説明します。

4節　在庫を生産すると原価が下がる？

それでも売上が不足する場合、在庫を増やせば利益を増やせます。
なぜ在庫を増やせば利益が増えるのでしょうか。

1）全部原価計算での利益

財務会計の原価計算が全部原価計算だからです。全部原価計算では**在庫を製造した費用は、その期の原価になりません。**
全部原価計算では利益は以下の式で計算します。

売上原価＝期首在庫＋製造原価－期末在庫
営業利益＝売上－売上原価－販管費

従って期末在庫が増えれば売上原価は少なくなります。売上原価が少なくなれば利益が増えます。
具体的な数字で見てみます。**表 2-4-1** は、ある企業の１か月の売上と利益です。

表 2-4-1　全部原価計算の利益　単位：万円

項目	金額
売上	5,000
期首在庫	0
当期製造原価	4,000
期末在庫	0
当期売上原価	4,000
売上総利益	1,000
販管費	600
利益	400

その月の売上 5,000 万円、製造原価 4,000 万円、販管費 600 万円、利益は 400 万円でした。

翌月、売上が半分の 2,500 万円になりました。（**表 2-4-2**）

材料費、外注費など変動費は減少しました。しかし固定費は変わらないため、製造原価は 3,000 万円でした。その結果 1,100 万円の赤字でした。

そこで工場の稼働は維持して前月と同量を生産しました。売れなかった半分は在庫とします。これを**表 2-4-3** に示します。

表 2-4-2　売上が半分になった場合

単位：万円

項目	金額
売上	2,500
期首在庫	0
当期製造原価	3,000
期末在庫	0
当期売上原価	3,000
売上総利益	▲ 500
販管費	600
利益	▲ 1,100

表 2-4-3　在庫を増やした場合

単位：万円

項目	金額
売上	2,500
期首在庫	0
当期製造原価	4,000
期末在庫	2,000
当期売上原価	2,000
売上総利益	500
販管費	600
利益	▲ 100

製造原価は 4,000 万円ですが、在庫の生産分 2,000 万円はその月の売上原価になりません。そのため売上原価は 2,000 万円になり、赤字は 100 万円に減少しました。

全部原価計算で利益を管理するとこうしたことが起きます。利益を出すように現場に圧力をかけると現場は在庫を増やしてしまいます。だから全部原価計算でなく直接原価計算の方がよいといわれています。これはどういうことでしょうか。

2) 直接原価計算での利益

変動費のみで原価を計算するのが直接原価計算です。直接原価計算では利益は以下の式で計算します。

変動売上原価＝期首在庫＋変動原価（変動費のみ）－期末在庫
営業利益＝売上－変動売上原価－固定原価（固定費）

ここで一般的な変動費と固定費を**図 2-4-1** に示します。

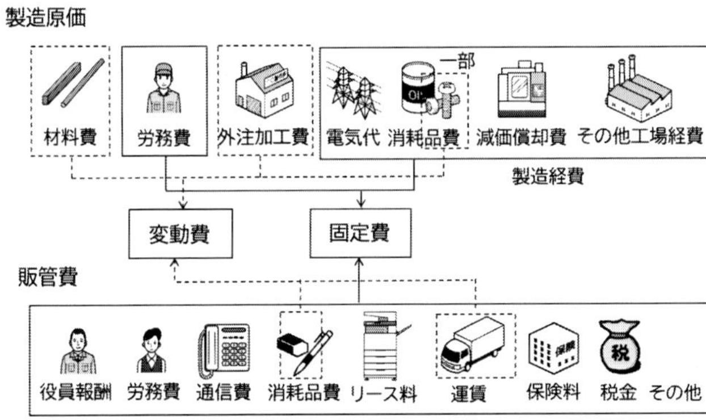

図 2-4-1　製造原価と販管費の変動費と固定費

製造原価の変動費は主に材料費と外注加工費です。他にも、製造経費の一部に変動費がありますが金額はそれほど大きくありません。販管費の変動費は製品を運ぶ運賃や消耗品などです。本書は簡単にするために、変動費は材料費と外注費、固定費は労務費、製造経費、販管費とします。

表 2-4-2 の売上が半分になった例を、直接原価計算と全部原価計算で比較したものを**表 2-4-4** に示します。

表 2-4-4a　売上が半分になった場合（全部原価計算）

単位：万円

売上	2,500
期首在庫	0
当期製造原価	3,000
期末在庫	0
当期売上原価	3,000
売上総利益	▲ 500
販管費	600
利益	▲ 1,100

表 2-4-4b　売上が半分になった場合（直接原価計算）

単位：万円

売上	2,500
期首在庫	0
変動原価	1,100
期末在庫	0
当期変動売上原価	1,100
限界利益	1,400
固定原価	2,500
利益	▲ 1,100

この場合、在庫が増えていないため、全部原価計算と直接原価計算の赤字 1,100 万円は変わりません。

在庫を増やした場合を**表 2-4-5** に示します。

表 2-4-5a　在庫を増やした場合（全部原価計算）

単位：万円

売上	2,500
期首在庫	0
当期製造原価	4,000
期末在庫	2,000
当期売上原価	2,000
売上総利益	500
販管費	600
利益	▲ 100

表 2-4-5b　在庫を増やした場合（直接原価計算）

単位：万円

売上	2,500
期首在庫	0
変動原価	2,200
期末在庫	1,100
当期変動売上原価	1,100
限界利益	1,400
固定原価	2,500
利益	▲ 1,100

全部原価計算では在庫が増えたため 100 万円の赤字になりました。

直接原価計算では在庫を増やしても原価（変動売上原価）は変わらず、1,100 万円の赤字も変わりません。

このように、全部原価計算では在庫を増やせば利益は増えます。実際に決算を良くするために期末に在庫を増やすことがあります。しかし、売上が下がっているのに在庫を増やせば、売れない在庫が増えてしまいます。売れない在庫は資金繰りを悪化させます。だから直接原価計算がよいと言われます。

ただし、証券市場、金融機関、税務署など外部に出す財務諸表は全部原価計算で計算しなければなりません。直接原価計算が使えるのは内部管理（管理会計）のみです。

では工場管理のための原価計算は直接原価計算にすべきでしょうか。

これは在庫を利益と結びつけることで起きる問題です。在庫量は利益と関係なく、「**需要に応じ、欠品を出さず短納期を実現するための最小限**」にすべきです。

在庫が多ければ

① 資金繰りが悪化

② 在庫管理にコストがかかる

③ 在庫が陳腐化して売れなくなる

④ 設計変更があると修正しなければならない

こうした見えないコストや廃棄ロスが発生します。

一方、原価の視点では「**在庫も生産すれば工場の稼働率は上がり原価は下がる**」、つまり在庫も生産すれば原価は下がります。そこで管理者は

- 最大在庫量を守り、現場が**ヒマでもそれ以上は生産させない**
- **最大在庫量を守った上で**、工場の稼働が最大になるようにする
- 受注不足の場合は、**受注を増やすように**努力する
- 工場の成果は、利益(売上原価）でなく生産高（製造原価）で評価

このようにします。「**売れない在庫をつくらない**」のは大原則です。

その上で、管理者は受注を増やして工場の稼働が最大になるように努めます。

他にも直接原価計算はメリットがあります。それは全部原価計算には固定費の分配の問題があるからです。

3）固定費を分配しない直接原価計算

全部原価計算は変動費と固定費を合わせて原価を計算します。この固定費には間接部門の人件費や工場の経費があります。これらを各現場に分配してアワーレートを計算します。

しかし、固定費の中で間接部門の費用や製造経費はどの現場にどのくらいかかったのか正確にはわかりません。また固定費の分配ルールは「これが正しい」というものがありません。しかも固定費の分配の仕方によって原価は変わります。

一方、変動費のみで原価を計算する直接原価計算は固定費の分配はありません。従って固定費を分配しない直接原価計算の方がよいといわれています。

図 2-4-2 に全部原価計算と直接原価計算の原価の構成を示します。

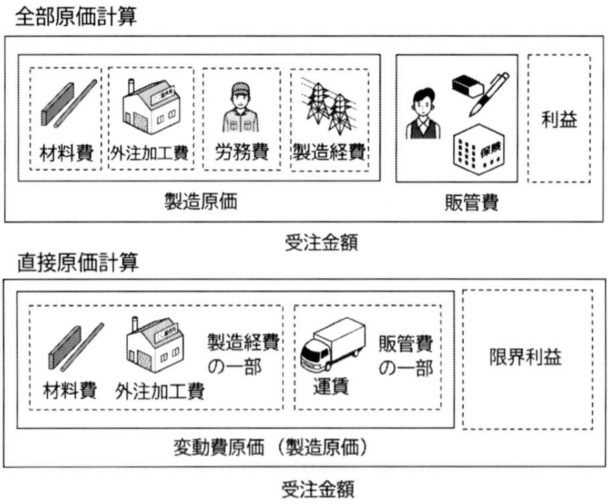

全部原価計算
材料費
外注加工費
労務費
製造経費
製造原価
販管費
利益
受注金額
直接原価計算
材料費
外注加工費
製造経費の一部
運賃
販管費の一部
変動費原価（製造原価）
限界利益
受注金額

図 2-4-2　全部原価計算と直接原価計算

この直接原価計算は以下の場合には使いやすい方法です。

- 原価に占める変動費の割合が高い
- 売価が市場価格で決まるため、緻密な原価計算を必要としない

例えば、自動車メーカーは製造原価の約80%が外部からの購入部品（変動費）です。こういった製品であれば、変動費のみの直接原価計算でも問題ありません（実際の自動車メーカーは製造費用も原価に入れていますが。）

一方、直接原価計算を価格決定に使用すると、適正な価格がわかりにくいという問題があります。この価格決定の問題を次節で説明します。

5節 価格決定の問題 見込み生産と受注生産の違い

見込み生産と受注生産で価格決定の考え方は異なります。

1）見込み生産と受注生産の違い

【見込み生産】

図2-5-1aに示すように、自社商品を市場に販売する場合、どの商品をどのくらい生産するかは自分達で決めます。一方価格は市場の需要と供給で決まります。原価が高いからと高い価格をつけても、競合が安ければ売れません。その反面、価格を下げれば、利益は減りますが販売量は増えます。その結果、利益の合計は増えることもあります。

【受注生産】

顧客や取引先からの受注に応じて生産します。受注量は顧客の計画で決まります。価格を下げたからといって受注量は大きく増えません。

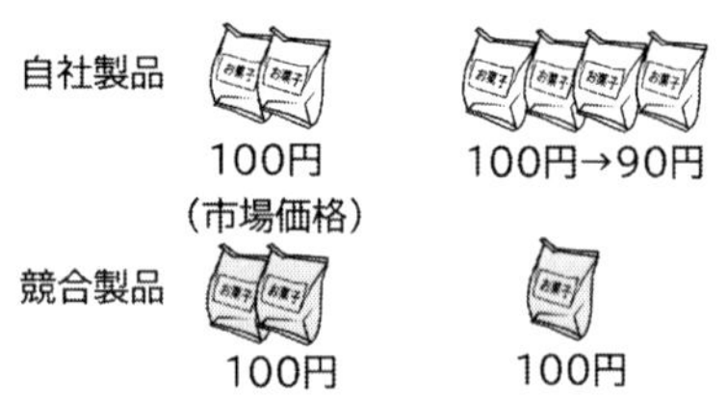

原価が高くても市場価格以上（競合以上）に高い価格をつければ売れない
競合よりも低い価格をつければ競合から市場シェアを奪い、限界利益総額を増やすことができる

a. 見込み生産（主にメーカー）

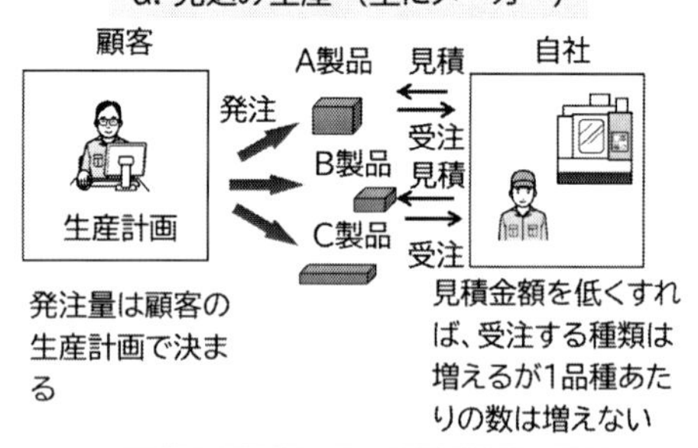

b. 受注生産（主に下請け企業）

図 2-5-1　見込み生産と受注生産の違い

見込み生産の場合、個々の製品の利益の多寡よりも「受注量×利益」が最大化するように価格を決めます。

受注生産の場合、原価を適切に計算し、高く受注するように顧客と交渉します。ただし、受注がとても少なく固定費の回収が不足する場合は、価格を下げてでも受注を増やします。

ではいくらまで下げてもよいでしょうか。

2）粗利と営業利益

いくらまで下げれば利益があるのか、これは製造業と小売業で異なります。

小売業の場合、販売価格から（仕入）原価を引いたものが売上総利益（粗利益）です。製品 1 個の粗利益は

粗利益＝販売価格－仕入原価

ここで

変動費：仕入原価

固定費：販管費

とすると、限界利益は売上から変動費を引いたものなので、

限界利益＝売上－変動費

限界利益＝粗利益　（**図 2-5-2**）。

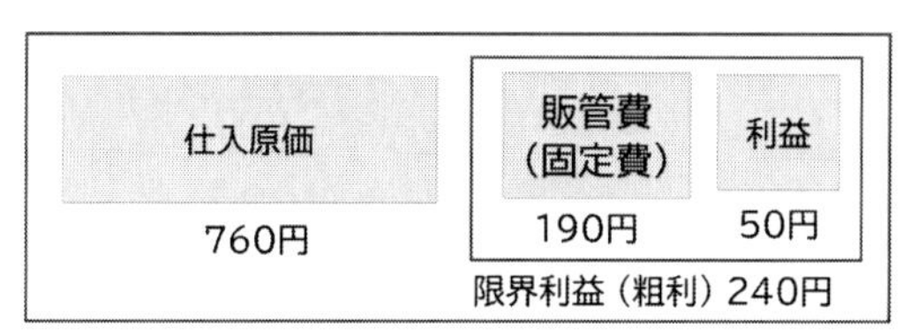

図 2-5-2　小売業の変動費と固定費の例

図 2-5-2 では

売価　　　：1,000 円

仕入原価：760 円

粗利　　　：240 円

販管費　　：190 円

利益　　　：50 円

毎月の粗利益の合計が販管費を上回れば利益はプラス、下回れば赤字です。

粗利益率が高い商品でも販売量が少なければ粗利益の合計は多くありません。逆に、粗利益率は低くても販売量が多ければ粗利益の合計は多くなります。利益を増やすには、毎月の粗利益の合計を大きくします。

製造業では仕入原価でなく製造原価です。製造原価には、変動費と固定費があります。

製造原価＝変動費（材料費・外注費）＋固定費（製造費用）
粗利益＝受注金額－製造原価
限界利益＝受注金額－変動費

従って限界利益≠粗利益です。これを**図 2-5-3** に示します。

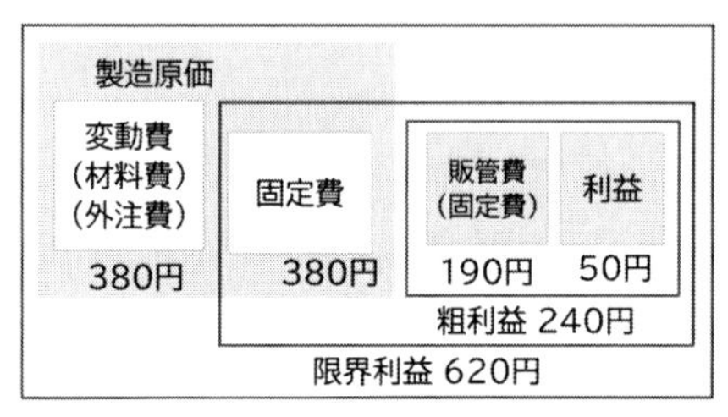

図 2-5-3 製造業の変動費と固定費の例

製造業は製造原価の中にも固定費があります。そのため、粗利益でなく限界利益の合計を管理します。限界利益の合計が固定費を上回れば利益はプラス、下回れば赤字です。

一方、生産量は工場の設備と人員で決まります。受注が多くても急には生産量を増やせません。小売業のように価格を下げて大量に販売するのは困難です。１つ１つの受注で確実に利益を確保しなければなりません。

3) 直接原価計算で売価を決めるリスク

直接原価計算の問題は、受注価格と利益の関係が見えにくいことです。

先の製品の見積を全部原価計算と直接原価計算で比較したものを**図 2-5-4** に示します。

a. 全部原価計算

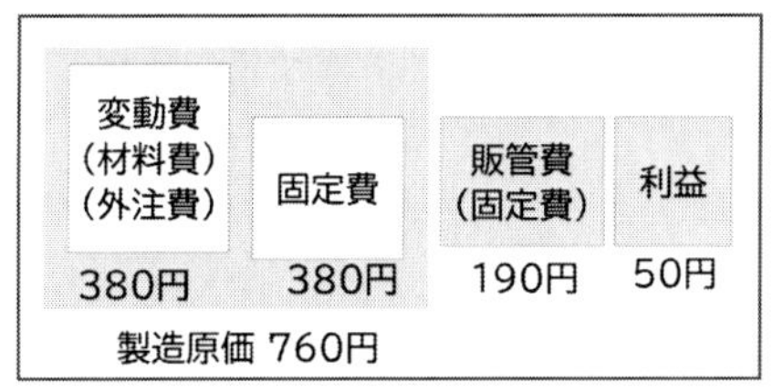

受注金額 1,000円

b. 直接原価計算

受注金額 1,000円

図 2-5-4　直接原価計算と全部原価計算の見積

a. 全部原価計算では

製造原価：760 円

販管費　：190 円

目標利益：50 円

見積金額：1,000 円

です。50 円値引きすれば利益はゼロです。

b. 直接原価計算では

変動費　　　：380 円

限界利益　　：620 円

見積金額　　：1,000 円

です。

実際は販管費の一部にも変動費がありますが、計算を簡単にするためすべて固定費とします。例えば、920 円で受注した場合、限界利益は 540 円です。利益はまだあるように思えます。しかし、実際は、920 円は販管費込み原価 950 円に対し 30 円マイナスの赤字です。しかし直接原価計算ではわかりません。

受注生産では１件１件の受注で確実に利益が出るようにしなければ利益が確保できません。そこで全部原価計算で製造原価と販管費を明確にします。

6節 原価は真実、ただし正解はない

中小企業の場合、外部の報告のための原価計算は、これまでも経理や会計事務所が正しく行っています。それ以上複雑な計算をしてもメリットはありません。そこで中小企業は、財務会計と別に工場管理のための原価計算の仕組みをつくります。その目的は

① 「いくらでできるのか」正しく原価を予測し、適切な見積で受注して利益を確保する
② 「いくらでできたのか」実績原価を把握し、見積をオーバーしていれば原価低減や値上げ交渉などのアクションを行う

この２つです。

実績原価が見積を上回った場合はどこに問題があるのか原因を追究し改善します（**図 2-6-1**）。

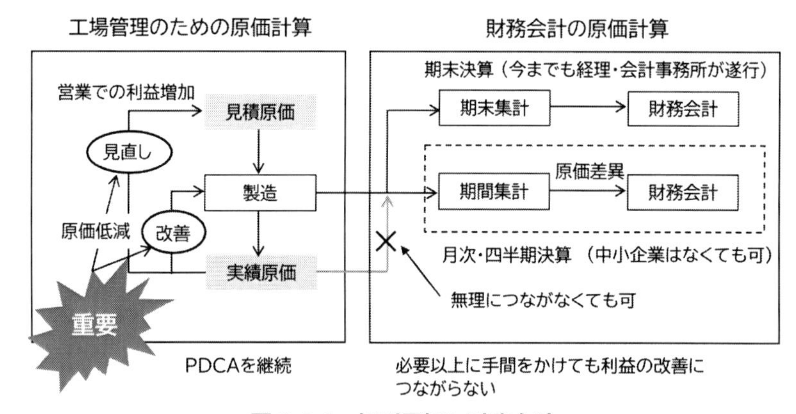

図 2-6-1　個別原価と財務会計

本書の個別原価の計算は決算書の数値を元にしています。計算した原価は、実際の数値を元に計算された「**真実**」です。ただし、これは間接製造費用の分配など計算の仕方が変われば、値が変わります。つまり、**真実ですが唯一無二ではありません**。

原価計算は細かくやればどんどん複雑になります。複雑な計算をすれば仕事が増えますがお金は増えません。お金が増えるのは、

- 高く売る
- 安くつくる
- たくさん売る

この３つです。これにどれだけ力を入れることができるかです。

工場は

- 「ボルト締めてナンボ」（組立作業はボルトを締めて組み立てている時間だけがお金を稼いでいる）
- 「切粉出してナンボ」（切削工現場では刃物が材料を削って切粉を出している時間だけがお金を稼いでいる）

です。

7節 まとめ

- 財務会計の原価計算を適切に行うためには、定期的な棚卸や原価差異の計算が必要になる。
- 間接製造費用の分配には「正しい方法」はない。自社に合った方法を決める。
- 製造業は固定費の回収を常に意識する。
- 在庫を増やせば利益が増えるが、在庫量は利益と関係なく、必要最小限にする。
- 価格は、製造原価、販管費を計算し目標利益から決定する。

$$\text{間接費レート} = \frac{\text{先期の間接製造費用}}{\text{先期の直接製造費用}} \quad \text{－（式 2-1）}$$

$$\text{製造費用} = \text{直接製造費用} \times (1 + \text{間接費レート}) \quad \text{－（式 2-2）}$$

第3章　原価を活かした工場管理

この章では、これまで管理者が疑問に思っていたこと、例えば「高い設備でつくった製品は高いのか？」「自動化でどれだけ原価は下がるのか？」このような疑問に対し、具体的な数値で説明します。取り上げるのは以下の4点です。

1. 設備の大きさによる原価の違い
2. 自動化と多台持ち、人をロボットに替えた場合
3. ロットの違いによる原価の違い
4. 段取時間の短縮と外段取化の原価低減効果

1節　設備の大きさによって原価は違うのか？

設備の大きさによる原価の違いについて、以下の5点を述べます。

1) アワーレート（設備）と設備の費用
2) 設備の違いによって現場を分けるかどうか
3) 設備がラインになっている場合
4) アワーレート（設備）における間接製造費用の影響
5) 具体的な原価の違い

1) アワーレート（設備）と設備の費用

アワーレート（設備）は、

$$\text{アワーレート（設備）} = \frac{\text{設備の年間費用（減価償却費＋ランニングコスト）}}{\text{年間操業時間} \times \text{稼働率}} \quad \text{（式1-7）}$$

本書では設備の年間費用は、決算書の減価償却費でなく実際の償却費を使います。ランニングコストには以下のものがあります。

設備の購入費用　：実際の償却費

ランニングコスト：光熱費、消耗品費、修理代、保守料など

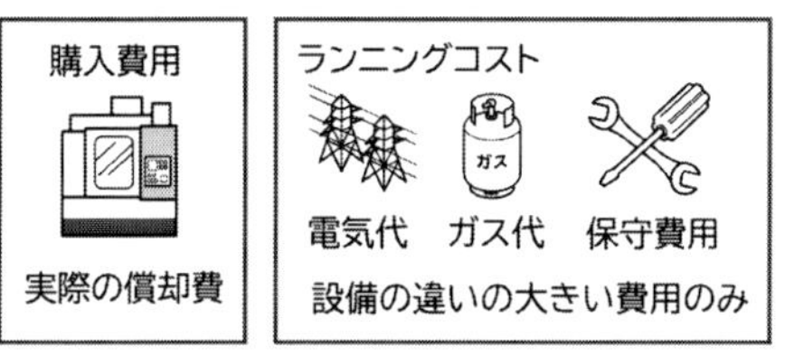

図 3-1-1

ランニングコストは設備を動かすのに必要な電気代など光熱費、消耗品費、修理代、保守契約費用などです。この中で設備毎の差が大きいものをアワーレート（設備）に入れます。今回は電気代のみランニングコストに入れました。それ以外の費用は金額が少なく設備毎の差も小さいので、間接製造費用として各現場に分配しました。

設備の年間費用が高ければアワーレート（設備）も高くなります。では設備によって現場を分けた方がいいのでしょうか。

2）設備の違いによって現場を分けるかどうか

これは設備の機能・能力で判断します。設備の価格やランニングコストが違っていても、同じ加工であれば生み出す付加価値も同じです。従って、同じ現場にします。

機械加工A社は、小型のマシニングセンタ4台と大型のマシニングセンタ4台があります。（**図 3-1-2**）小型のマシニングセンタ4台は導入時期が異なり、減価償却が残っている設備もあります。ただし加工能力はこの4台の間で差はありません。

大型のマシニングセンタは、大きな部品が加工できるため単価の高い製品が受注できます。一方、小型のマシニングセンタよりスピードが劣るため、小さな部品は原価が高くなります。そのため現場はこの

２つを使い分けしています。そこで小型のマシニングセンタと大型のマシニングセンタは別の現場とします。

ただし同じ製品を、ある時は大型のマシニングセンタ、ある時は小型のマシニングセンタと、現場が使い分けしていなければ同じ現場にします。

つまり、現場を分けるかどうかは「実際に使い分けしているかどうか」です。

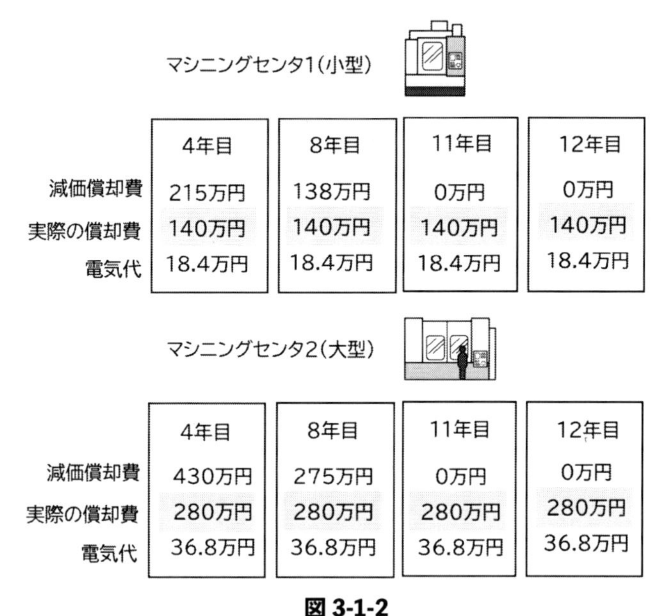

図 3-1-2

では複数の設備がラインになっている場合はどうでしょうか。

3）設備がラインになっている場合

図 3-1-3a は、複数の設備を連結してひとつの製造ラインになっています。設備の配置は固定されラインの構成は変えません。この場合、全体を１つの設備と考えます。

逆に設備を常に移動してライン構成が頻繁に変わる場合は、ひとつひとつの設備をそれぞれ別の現場とします。

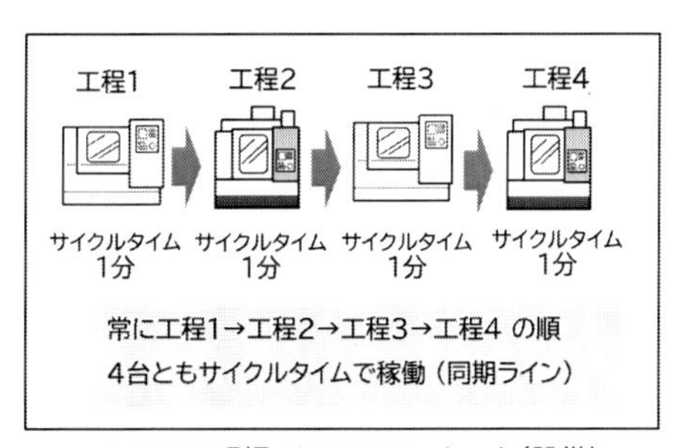

a. 1つの現場　1つのアワーレート（設備）

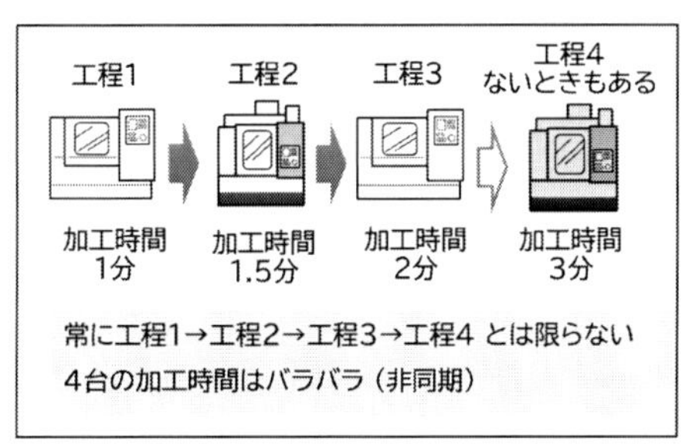

b. 複数の現場　複数のアワーレート（設備）

図 3-1-3　ラインを１つの現場と考える場合とそうでない場合

これはサイクルタイム（タクトタイム）〈注1〉によっても変わります。**図 3-1-3 a** の場合、各設備のサイクルはライン全体で同期され、ライン全体のサイクルタイム（タクトタイム）は１分でした。この場合、ライン全体で１つの現場と考えます。

対して**図 3-1-3 b** の場合、各設備のサイクルタイムはバラバラです。工程の順序も常に工程１→工程２→工程３→工程４になるとは限りません。この場合は、それぞれを別々の現場と考えます（本当は各設備のサイクルタイムがバラバラだと仕掛品が増えて望ましくないのですが）。

〈注1〉サイクルタイムとタクトタイムの定義は、企業や人によって異なります。本書では以下のように定義します。

【サイクルタイム（CT：Cycle Time）】

1つの工程の開始から完了まで1サイクルにかかる時間のことです。

【タクトタイム（TT：Takt Time）】

ピッチタイムとも呼ばれ、1つの製品の製造にかかる時間です。

ラインで生産する場合は、ライン全体のサイクルタイムです。

ラインを構成する設備のサイクルタイムが完全に一致することはめったにありません。ラインの中にはサイクルタイムの短い設備や長い設備があります。そこで、ラインのタクトタイムはラインを構成する設備の中で最も長いサイクルタイムになります(**図 3-1-4** 参照)。

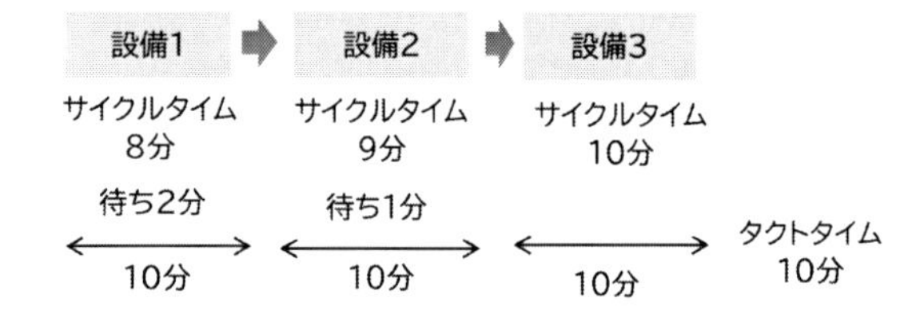

図 3-1-4　サイクルタイムとタクトタイム

サイクルタイムのばらつきの分、ラインの生産性は低下します。

これは以下の式で計算します。

$$\text{ラインの効率} = \frac{\text{各設備のサイクルタイム合計}}{\text{タクトタイム} \times \text{設備数}}$$

例えば、3台の設備でラインを構成し、各設備のサイクルタイムは

設備1:8分

設備2:9分

設備3:10分

の場合、ラインのタクトタイムは10分です。ラインの効率は

$$\text{ラインの効率} = \frac{8 + 9 + 10}{10 \times 3} = 0.9 = 90\%$$

各設備のサイクルタイムのばらつきを縮めない限り、現状では10%のロスが必ず発生します。これは複数の設備に工程分割すれば必ず発生するロスです。

実際は、アワーレートの計算には直接製造費用だけでなく、間接製造費用も含まれます。間接製造費用はアワーレート（設備）にどのように影響するのでしょうか。

4）アワーレート（設備）における間接製造費用の影響

間接製造費用の分配については第2章2節で述べました。この間接製造費用を現場に分配する場合、様々な方法があります。本書は、

- 現場の直接製造**費用**に比例
- 現場の直接製造**時間**に比例

この2つを使います。

この間接製造費用を含めたアワーレートがアワーレート間（人）、アワーレート間（設備）で、これは以下の式で計算します。

平均アワーレート間（人）

$$=\frac{\text{直接作業者人件費合計}+\text{間接作業者人件費合計}+\boxed{\text{間接部門費用分配}}}{\text{直接作業者の稼働時間合計}}$$

－（式1-10）

平均アワーレート間（設備）

$$=\frac{\text{直接製造設備費用合計}+\text{間接製造設備費用合計}+\boxed{\text{間接部門費用分配}}}{\text{直接製造設備の稼働時間合計}}$$

－（式1-11）

では設備の大きさによって、原価はどう変わるでしょうか。具体的な数値で検証します。

5）具体的な原価の違い

①　機械加工A社

図3-1-5に示すA社の2つの現場（マシニングセンタ1（小型）とマシニングセンタ2（大型））のアワーレート（設備）や原価を比較します。（計算の詳細は「巻末資料2 計算の詳細」を参照）

マシニングセンタ1(小型)

実際の償却費　140万円
ランニングコスト 18.4万円

4台

年間費用 158.4×4＝633.6万円

アワーレート(設備) 900円/時間

間接製造費用分配　580万円

アワーレート間(設備) 1,720円/時間

マシニングセンタ2(大型)

実際の償却費　280万円(2倍)
ランニングコスト 36.8万円(2倍)

4台

年間費用 316.8×4＝1,267.2万円

アワーレート(設備) 1,800円/時間 (2倍)

間接製造費用分配　740万円

アワーレート間(設備) 2,850円/時間 (1.7倍)

図 3-1-5　A 社のマシニングセンタのアワーレート

マシニングセンタ 2(大型) の 1 台の年間費用 280 万円はマシニングセンタ 1(小型)140 万円の 2 倍でした。アワーレート (設備) も 2 倍になりました。

ここでは、間接製造費用を各現場の直接製造**費用**に比例して分配しました。これは「**直接製造費用の高い現場は付加価値の高い製造をするため、間接製造費用を多く負担する**」考え方です。その結果、分配した間接製造費用は、

　マシニングセンタ 1(小型) : 145 万円
　マシニングセンタ 2(大型) : 185 万円

でした。

間接製造費用を分配したアワーレート間 (設備) は、

　マシニングセンタ 1(小型) : 1,720 円 / 時間
　マシニングセンタ 2(大型) : 2,850 円 / 時間

1.7 倍に差は縮みました。

この違いが原価にどう影響するのでしょうか。A 社　A1 製品の原価を**図 3-1-6** に示します。

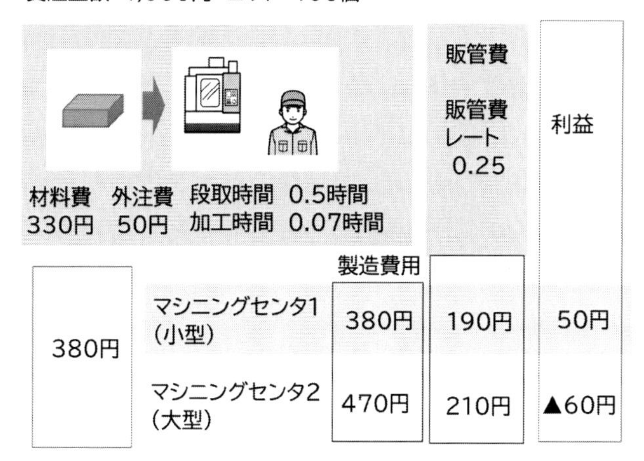

図 3-1-6　A1 製品の受注条件と原価、利益

Ａ１製品は

製造費用

　マシニングセンタ 1(小型) : 380 円

　マシニングセンタ 2(大型) : 470 円 (＋ 90 円)

利益

　マシニングセンタ 1(小型) : 50 円

　マシニングセンタ 2(大型) : ▲ 60 円

マシニングセンタ 1(小型) では 50 円の利益が、マシニングセンタ 2(大型) では 60 円の赤字になりました。

このように大きな (年間費用の高い) 設備は原価が上がります。実際マシニングセンタ 2(大型) は製造費用が 90 円増えました。

しかし、この 90 円の多くは固定費 (実際の償却費) です。つまり赤字でも本当にお金が出ていくわけではありません。もし、マシニングセンタ 2(大型) でも加工できる製品があり、マシニングセンタ 2(大型) が空いていれば、マシニングセンタ 2(大型) で加工すべきです。

そうすれば**原価計算上は赤字でも会社の利益は増えます**。この点は誤解する現場の人も多いので注意します。

②　樹脂成型加工 B 社

B 社は大きさの異なる 50 トンから 450 トンまでの射出成形機があります。一般的には樹脂成形は成形機の大きさでアワーレートを変えます。顧客も同様に成形機の大きさに応じて見積を査定します。そこで大きさの異なる 4 種類の成形機のアワーレートを計算します（計算の詳細は「巻末資料 2 計算の詳細」を参照）。

4 台の成形機の年間費用とアワーレートを**図 3-1-7** に示します。

	50t	180t	280t	450t
実際の償却費	40万円	80万円	160万円	240万円
ランニングコスト	30.7万円	50.6万円	112万円	143.6万円
年間費用	70.7万円	130.6万円	272万円	383.6万円 （50tの5.4倍）
アワーレート（設備）	130円/時間	240円/時間	500円/時間	700円/時間 （50tの5.4倍）
間接製造費用	どれも250万円			
アワーレート間（設備）（加工）	830円/時間	930円/時間	1,190円/時間	1,400円/時間 （50tの1.7倍）

図 3-1-7　A 社のマシニングセンタのアワーレート

450 トンの成形機 1 台の年間費用 383.6 万円は、50 トンの成形機 70.7 万円の 5.4 倍でした。年間費用から計算したアワーレート（設備）も 450 トンの成形機は 700 円 / 時間、50 トンの成形機の 5.4 倍でした。

小型の成形機も大型の成形機も、電気代を除けば工場で消費する経費は大きく変わりません。そこで、間接製造費用を各現場の直接製造**時間**に比例して分配しました。これは「**直接製造時間の多い現場はそ**

れだけ工場のリソースを多く使用しているため、間接製造費用を多く負担する」考え方です。

間接製造費用を分配したアワーレート間（設備）は、

50 トン：830 円 / 時間

180 トン：930 円 / 時間

280 トン：1,190 円 / 時間

450 トン：1,400 円 / 時間（50 トンの 1.7 倍）

でした。

450 トンの成形機のアワーレート間（設備）は、50 トンの成形機の 1.7 倍まで差が縮みました。

この違いは、原価にどう影響するのでしょうか。B1 製品の原価を**図 3-1-8** に示します

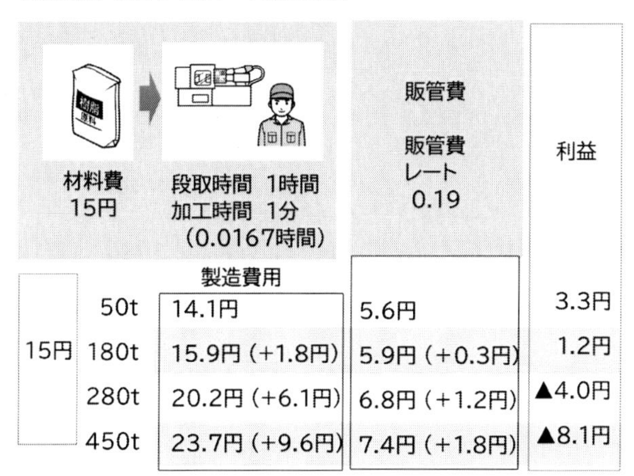

図 3-1-8　B1 製品の受注条件と原価、利益

B1 製品は

製造費用

50 トン：14.1 円

180 トン：15.9 円（＋ 1.8 円）

280 トン：20.2 円（＋ 6.1 円）

450 トン：23.7 円（＋ 9.6 円）

利益

50 トン：3.3 円

180 トン：1.2 円

280 トン：▲ 4.0 円

450 トン：▲ 8.1 円

50 トンでは 3.3 円あった利益が、450 トンでは 8.1 円の赤字になりました。ただし、この 8.1 円の大半は固定費です。赤字でも本当にお金が出ていくわけではありません。もし 450 トンの成形機が空いていて、450 トンの成形機で製造できる製品があれば、450 トンの成形機で製造すべきです。そうすれば原価は赤字でも会社の利益は増えます。

6）まとめ

（1）設備の大きさや価格が違っても、現場で使い分けができなければ同じ設備と考える。

（2）複数の設備がラインになっている場合、

- 設備の構成は変わらず、設備が同期して生産している場合は１つの現場
- 同期していない場合は、設備毎に別々の現場

（3）間接製造費用の分配方法は主に２つ

- 直接製造**費用**に比例
- 直接製造**時間**に比例

（4）アワーレート（設備）の高い設備は原価が高い。しかし、原価が高くても、大半は固定費でお金が出ていくわけではない。空いている設備は動かせば原価計算は赤字でも利益は増える。

本節の計算の詳細は「巻末資料２計算の詳細」で示します。

7) 利益まっくすでの運用

① 「設備情報入力」で各設備の減価償却費とアワーレート用減価償却費（実際の償却費）を入力します。

【設備情報入力画面】

設備コード	設備名称	型式	減価償却費	アワーレート用減価償却費	その他電気代等	年間
10101	M/C1_4年目	M/C1	2,150,400	1,400,000	184,000	
10102	M/C2_8年目	M/C2	1,376,256	1,400,000	184,000	
10103	M/C3_11年目	M/C3	0	1,400,000	184,000	
10104	M/C4_12年目	M/C4	0	1,400,000	184,000	

①アワーレート計算用　実際の償却費

①決算書の減価償却費

② 「アワーレート用減価償却費＋その他電気代等」から計算したアワーレート（設備）が「設備情報確認画面」で表示されます。

【設備情報入力画面】

設備コード	設備名称	型式	直接/間接	減価償却費	アワーレート用減価償却費	その他電気
10101	M/C1_4年目	M/C1	直接	2,150,400	1,400,000	184,000
10102	M/C2_8年目	M/C2	直接	1,376,256	1,400,000	184,000
10103	M/C3_11年目	M/C3	直接	0	1,400,000	184,000
10104	M/C4_12年目	M/C4	直接	0	1,400,000	184,000
合計				3,526,656	5,600,000	736,000

アワーレート(直接費)

費	その他電気代等	年間操業時間（時）	稼働率	直接作業割合（%）	間接作業割合（%）	直接実労働時間（時）
	184,000	2,200	0.8000	100.0	0.0	1,760
	184,000	2,200	0.8000	100.0	0.0	1,760
	184,000	2,200	0.8000	100.0	0.0	1,760
	184,000	2,200	0.8000	100.0	0.0	1,760
	736,000	8,800				

アワーレート(直接費)　900

②直接製造費用(アワーレート用減価償却費＋その他電気代等)のみのアワーレート(設備)

③　A社は間接製造費用を「直接製造**費用**に比例」して分配します。設定は「期間登録」の「アワーレート計算区分」で行います。

【期間登録画面】

④「最終入力」「アワーレート入力」の画面でアワーレートが確認できます。

【アワーレート入力画面】

現場	アワーレート			
	(人)段取（時）	(人)加工（時）	(設備)段取（時）	(設備)加工（時）
101 マシニングセンタ1(小型)	3,362.4	3,362.4	1,723.7	1,723.7
102 マシニングセンタ2(大型)	3,422.1	3,422.1	2,847.1	2,847.1
103 NC旋盤	3,147.5	3,147.5	1,472.5	1,472.5
104 ワイヤーカット	2,396.9	0.0	546.9	891.7
105 出荷検査	2,349.6	2,349.6	0.0	0.0
106 組立	1,916.6	1,916.6	0.0	0.0
107 管理	0.0	0.0	0.0	0.0
108 設計	3,221.1	3,221.1	0.0	0.0
109 生産管理	0.0	0.0	0.0	0.0
110 資材発注	0.0	0.0	0.0	0.0
111 品質管理	0.0	0.0	0.0	0.0
112 受入検査	0.0			

④間接製造費用も含んだアワーレート

⑤　間接製造費用を「直接製造**時間**に比例」して分配する場合、「期間登録」「アワーレート計算区分」でアワーレート2を選択します。

【期間登録画面】

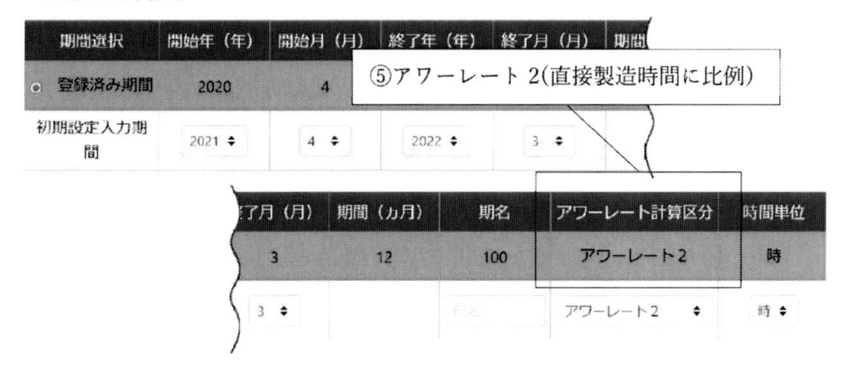

⑥「最終入力」「アワーレート入力」の画面でアワーレートの値を確認します。アワーレート1とは値が異なっているのがわかります。

【アワーレート入力画面】

現場	アワーレート			
	(人)段取（時）	(人)加工（時）	(設備)段取（時）	(設備)加工（時）
101 マシニングセンタ1(小型)	3,034.4	3,034.4	1,395.8	1,395.8
102 マシニングセンタ2(大型)	2,870.8	2,870.8	2,295.8	2,295.8
103 NC旋盤	2,870.8	2,870.8	1,195.8	1,195.8
104 ワイヤーカット	2,748.9	0.0	898.9	1,595.8
105 出荷検査	2,404.4	2,404.4	0.0	0.0
106 組立	2,029.5	2,029.5	0.0	0.0
107 管理	0.0	0.0	0.0	0.0
108 設計	3,090.8	3,090.8	0.0	0.0
109 生産管理	0.0	0.0	0.0	0.0
110 資材発注	0.0	0.0	0.0	0.0
111 品質管理	0.0	0.0	0.0	0.0
112 受入検査				0.0

⑥間接製造費用を直接時間に比例して
分配して計算したアワーレート

2節 自動化と多台持ち、ロボットの活用

多くの設備がコンピューター制御化（NC 化）され、起動ボタンを押せば自動で生産します。この時、原価はどうなるのでしょうか。この自動化・無人化に関し、以下の 8 点について述べます。

1）人と設備、段取と加工の組合せ
2）無人加工と有人加工の違い
3）無人加工中の作業者の費用
4）かけ逃げ
5）人をロボットに置き換えた場合
6）有人加工・無人加工・2 台持ち・ロボット化の具体的な比較
7）樹脂成形の有人加工と無人加工
8）夜間無人加工の原価

1）人と設備、段取と加工の組合せ

人と設備が稼働する場合、どのように原価を計算するのでしょうか。

最初に**図 3-2-1** に示すように製造費用を人と設備、段取と加工（製造）で分けて考えます。

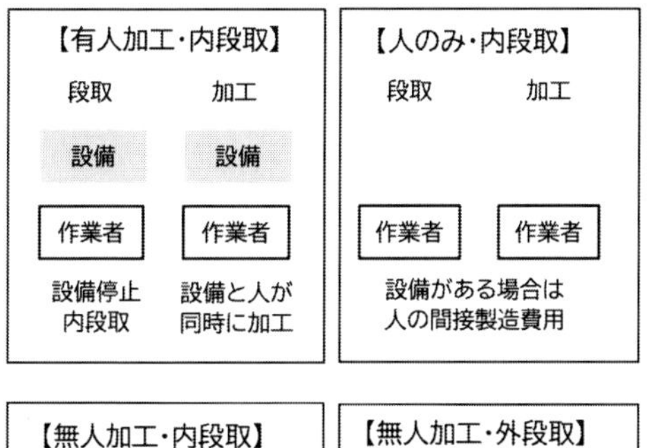

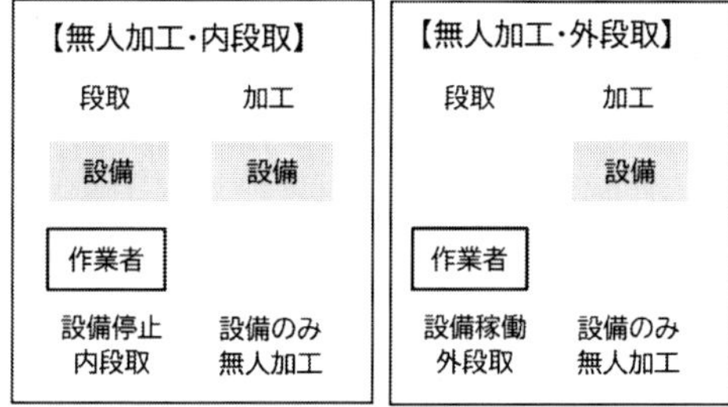

図 3-2-1　段取と加工

図 3-2-1 で加工中の人と設備の組み合わせから

- 有人加工（人と設備が同時に加工）
- 人のみ
- 無人加工（加工は設備のみ）

この３つがあります。

無人加工の場合、段取は

　　内段取：設備を止めて段取

　　外段取：生産中に設備を止めずに段取

の２つがあります（この段取については４節で詳しく述べます）。

「人のみ」の現場で設備を一部使用する場合、設備の費用は、その現場の間接製造費用とします。そしてアワーレート間（人）の計算に入れます。

同様に「無人加工」の現場で一部人が関与する場合、人の費用はその現場の間接製造費用とし、アワーレート間（設備）の計算に入れます。

なお、本書で原価に段取費用を入れているのは、ロットの大きさが変わると原価も変わるためです。ロットが少なくなれば1個当たりの段取費用が高くなり原価が上がります。これが原因で赤字になることもあります。

一方、大量生産で段取がほとんどない場合、段取費用は原価に入れません。その場合、段取は生産ロスと考えます。

2）無人加工と有人加工の違い

有人加工：加工中、作業者が設備を常時操作する

無人加工：加工中、作業者は設備についていない

この違いを段取と加工に分けて説明します。

①　有人加工

【段取】

作業者は設備を止めて段取を行うため、人と設備の両方の費用が発生します。

【加工】

作業者は設備を常に操作するため、加工中も人と設備の両方の費用が発生します。

図 3-2-2　有人加工

有人加工の場合、製造費用は人の費用と設備の費用の合計です。人と設備の時間が同じであれば、アワーレートはアワーレート間（人）とアワーレート間（設備）の合計です。これをアワーレート（人+設備）と呼ぶことにします。

アワーレート間（人+設備）＝アワーレート間（人）+間アワーレート（設備）

②　無人加工

【段取】

有人加工と同じです。作業者は設備を止めて段取を行うため、人と設備の両方の費用が発生します。

【加工】

設備が自動で加工し、作業者は設備から離れます。加工中は設備の費用のみ発生します。

図 3-2-3　無人加工

ただし無人加工での作業者の費用がゼロになるには、加工中、作業者は他の現場で「別のお金を稼ぐ仕事」をする必要があります。「お金を稼ぐ仕事」とは「見積に入っているバリ取りや検査など」です。

見積に入っていない検査や次の生産準備はお金を稼いでいません。その場合は加工中も人の費用がかかると考えます。その場合、無人加工でも原価は有人加工と同じです。

設備が無人で加工を続けるには、材料の自動供給と製品の自動取出し（自動排出）の機能が必要です。こういった機能がなく材料の供給と製品の取出しを作業者が行う場合はどうなるのでしょうか。

この時、作業者が複数の設備を担当することがあります。これが多台持ちです。

③　多台持ち

作業者が1人で複数の設備を担当することです。大量生産の工場でよく行われます。1人で2台担当すれば2台持ち、3台担当すれば3台持ちと呼びます。以下は2台持ちの説明です。

【段取】

作業者は設備を止めて段取を行うため、人と設備、両方の費用が発生します。

【加工】

2台持ちの場合、作業者は2台の設備を担当します。設備の費用は有人加工と同じですが、**人の費用は1/2**です。

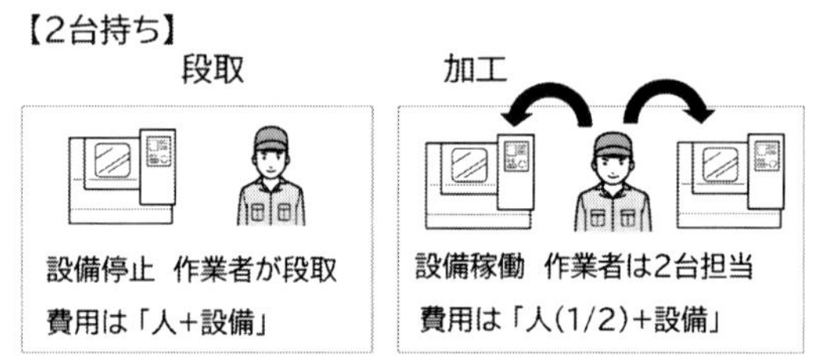

図3-2-4 多台持ち

A社のマシニングセンタ1（小型）の年間費用(実際の償却費)140万円です。これは正社員より低い金額です。従って無人加工で人の費用がゼロになれば原価は大きく下がります。2台持ちは人の費用が半分になります。有人加工より原価は低くなります。

一方、無人加工中作業者は他の現場で「別のお金を稼ぐ仕事」をする必要がありますが、これはなかなか難しいです。実際は加工中作業者がその現場で設備の状態を監視したり、製品の検査や仕上げ作業を行ったりしています。

この場合、加工中の作業者の費用はどう考えたらよいでしょうか。

3）無人加工の作業者の費用

この場合、無人加工中の作業者の費用は、設備の間接製造費用と考えます。

図3-2-5は、無人加工の設備が4台あり、2人の作業者が担当しています。作業者は、設備の段取を順に行い、段取が完了すれば設備は無人で加工します。

段取が終われば、作業者は次の段取の準備や完成品の品質確認を行います。無人加工でも多くの現場はこのようにしています。

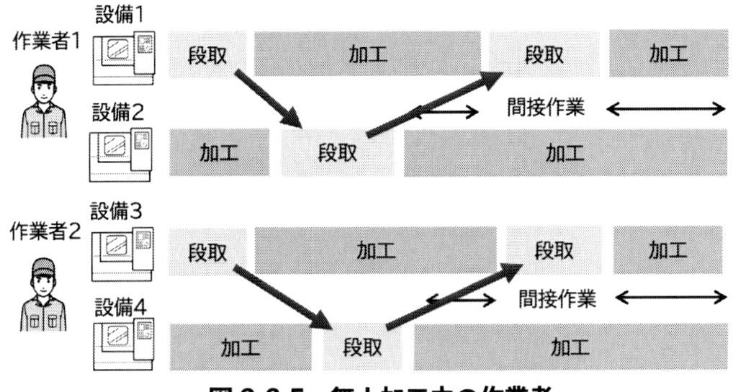

図 3-2-5　無人加工中の作業者

この場合、加工中も作業者の費用は発生します。ただし加工中作業者は複数の設備を担当し、作業者の費用がどの製品にどのくらい生じているのかわかりません。そこで加工中の作業者の費用は、設備の間接製造設備費用とします。

アワーレート間（設備）は、（式 1-11）から

$$アワーレート間（設備）= \frac{直接製造設備費用合計+間接製造設備費用合計+\boxed{間接製造費用分配}}{直接製造設備の稼働時間合計}$$

－（式 1-11）

図 3-2-5 の例では 4 台の設備に作業者が 2 名なので 2 台持ちと同じです。作業者の持ち台数が多くなれば、原価はさらに下がります。

作業者の費用は、加工中は設備の間接製造設備費用、段取中は直接製造費用です。そこで作業者の日々の時間の中で**段取時間と加工時間の割合が必要**になります。ただしこの比率を正確に調べるのは大変なので、数日間サンプルを取って代表値とします。

これを**図 3-2-6** に示します。

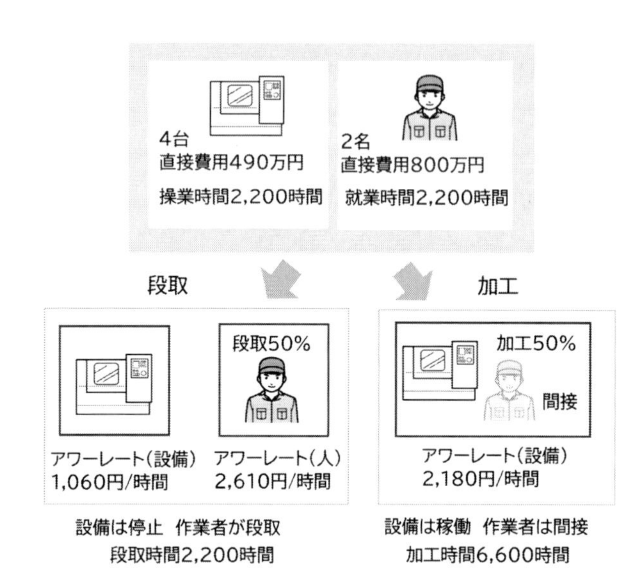

図 3-2-6　無人加工の作業者の費用

図 3-2-6 は設備が 4 台、作業者が 2 名の場合

作業者の段取時間と加工時間

段取：2,200 時間 (50%)

加工：2,200 時間 (50%)

設備は 4 台なので合計時間は

段取：2,200 時間

加工：6,600 時間

段取中は、人と設備の費用が両方発生するため、段取のアワーレートは、アワーレート間 (人) とアワーレート間 (設備) の合計です。

加工中は設備の費用のみです。ただし、人の費用は間接製造設備費用としてアワーレート間 (設備) に含まれます。その結果

段取のアワーレート：3,670 円 / 時間 (2,610+1,060)

加工のアワーレート：2,180 円 / 時間

加工のアワーレートは低くなりました。

無人加工の設備は、帰る前に加工を開始し、夜間加工が終わったら

設備は止まったままにする「かけ逃げ（又はかけ捨て）」ができます。この場合の原価はどうなるのでしょうか。

4）かけ逃げ

かけ逃げの原価は、その現場が無人加工か、有人加工かで変わります。**図3-2-7**に無人加工と有人加工の場合のかけ逃げを示します。

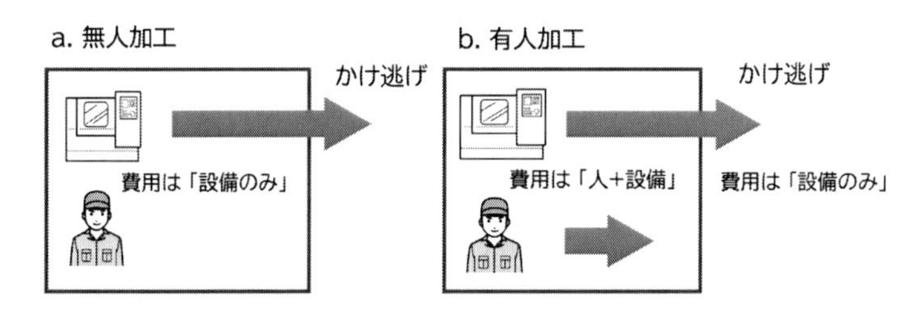

図3-2-7　有人加工と無人加工のかけ逃げ

①無人加工の場合

図3-2-7aの場合、元々無人加工なので、無人加工として原価を計算します。かけ逃げのメリットは設備の稼働時間が長くなることです。かけ逃げの頻度が高ければ、年間の稼働時間は長くなります。その結果、アワーレート（設備）が下がります。

年間の設備の操業時間の合計は

設備の操業時間合計＝昼の操業時間合計＋かけ逃げ時間の合計

②有人加工の場合

有人加工でも「かけ逃げ」ができるタイミングがあればかけ逃げする場合、かけ逃げの間の加工費用は無人加工と同じです。ただし、いつでもかけ逃げできるとは限らないため、原価は有人加工とします。かけ逃げした分は「見えない利益」と考えます。

5) 人をロボットに置き換えた場合

ロボットを導入して無人加工ができれば原価は下がります。しかし、従来の産業ロボットは高価で安全フェンスのため広い場所も必要で、導入は容易ではありませんでした。

近年、スピードはそれほど速くないのですが、安価で安全フェンスも不要な協働ロボットが普及してきました。こういったロボットを導入した場合、原価はどうなるのでしょうか。

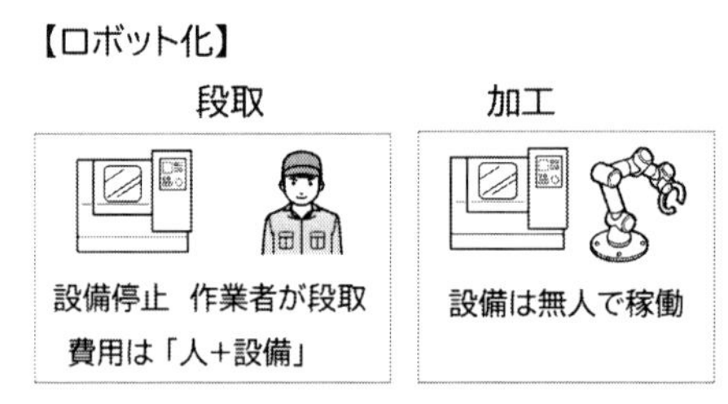

図 3-2-8　ロボット化の場合

500 万円のロボットでも 5 年間使用すれば、年間のロボットの費用（実際の償却費）は 100 万円、パート社員と変わりません。ただし協働ロボットは、スピードは遅いため人よりも時間は長くなるかもしれません。

しかし、人は 24 時間働けませんが、ロボットは 24 時間働けます。ロボットは有休も取りません。人は作業スピードが遅くなったり、トイレのために抜けたりしますが、ロボットは一定のスピードで動き続けます。

そこで現在の作業のままロボットを人と置き換えるより、スピードは劣っても 24 時間稼働できるロボットの特徴を生かすように作業を見直しします。ロボットを導入することで設備が長時間稼働できればアワーレート（設備）が下がり原価が低くなります。

ロボット化でどれだけ原価は下がるのでしょうか。

6) 有人加工・無人加工・2台持ち・ロボット化の具体的な比較

機械加工A社はA1製品をNC旋盤で製造しました。 その場合の有人加工、無人加工、2台持ち、ロボット化の原価を比較します

ロボットは

価格　　　：500万円

耐用年数：5年

年間費用：100万円

としました。

（ロボットの法定耐用年数は、NC旋盤（金属加工機械）に取り付ければ、NC旋盤の法定耐用年数10年が適用されます。今回は年間でフル稼働を想定し本当の耐用年数を5年としました）

この時のA1製品の製造費用と利益を**図3-2-9**に示します。

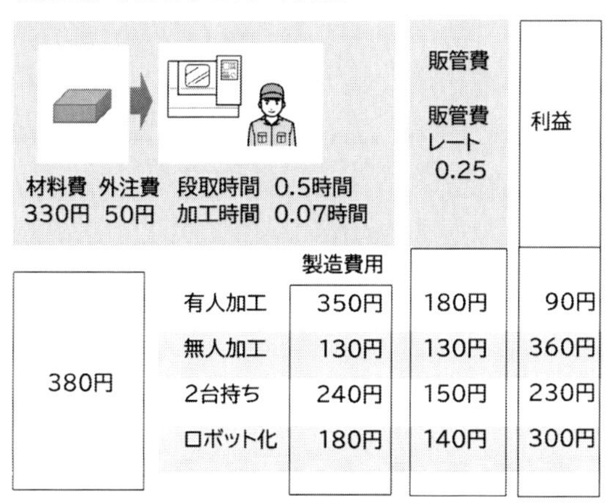

図3-2-9　A1製品の製造費用と利益の違い

製造費用		利益	
有人加工	：350円	有人加工	：90円
2台持ち	：240円	2台持ち	：230円
ロボット化	：180円	ロボット化	：300円
無人加工	：130円	無人加工	：360円

製造費用は

有人加工→2台持ち→ロボット化→無人加工

の順に低くなります。従ってロボット化の原価低減効果は高いことがわかります。

7）樹脂成形の有人加工と無人加工

樹脂成形の場合、ローダー付き成形機は無人加工ができます。一方、毎回金型に部品をセットするインサート成型の場合は有人加工です。

有人加工と無人加工で原価はどれだけ違うのでしょうか。

B社　180トン成形機の無人加工と有人加工のアワーレートは

【段取】	【加工】
無人加工：2,950円/時間	無人加工：930円/時間
有人加工：2,870円/時間	有人加工：2,870円/時間

有人加工の場合、人の費用があるため加工のアワーレートは無人加工よりも大幅に高くなります。その結果、B1製品の原価を**図3-2-10**に示します。

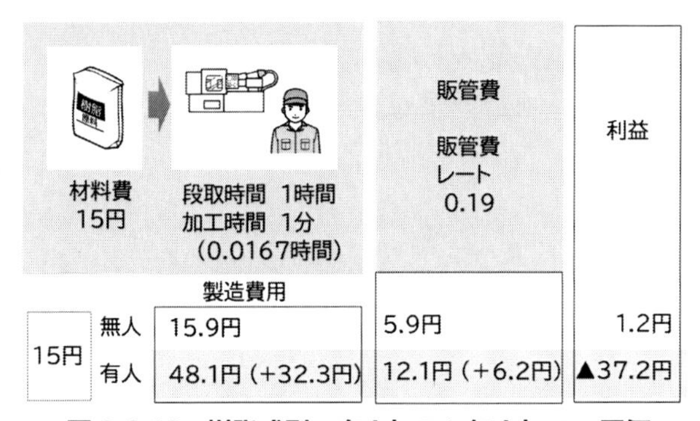

図 3-2-10　樹脂成型の有人加工と無人加工の原価

製造費用	利益
無人加工：15.9 円	無人加工：1.2 円
有人加工：48.1 円	有人加工：▲ 37.2 円

加工のアワーレートは、有人加工は無人加工の約3倍のため、有人加工の製造費用は大幅に増加します。その結果、無人加工では1.2円の利益が有人加工は37.2円の赤字でした。

つまり有人加工を無人加工にできれば大幅なコストダウンになります。逆に、トラブルが起きて作業者が常に製品をチェックし、**無人加工の現場が有人加工になっている場合、原価は大幅に増えています。**早急にトラブルを解決して無人加工にしなければ大きな損失になります。

8）夜間無人加工の原価

ワークの着脱まで自動化し、完全に無人加工ができれば、夜間無人加工できます。そうすれば年間の稼働時間が大幅に増えます。アワーレート（設備）が低くなり原価が大きく下がります。

夜間無人加工をするためには、材料の自動供給と製品の自動取出しが必要です。例えば

• NC 旋盤　バー材自動供給装置やローダー、ロボット
• マシニングセンタ　パレットチェンジャー
• 射出成形機　自動取出し機（ローダー）
• プレス機　コイル材供給装置

などが必要です。

またワイヤーカット放電加工機は、最初から夜間無人加工を想定した設備です。

そこで**図 3-2-11** に NC 旋盤を夜間無人加工にした場合を示します。

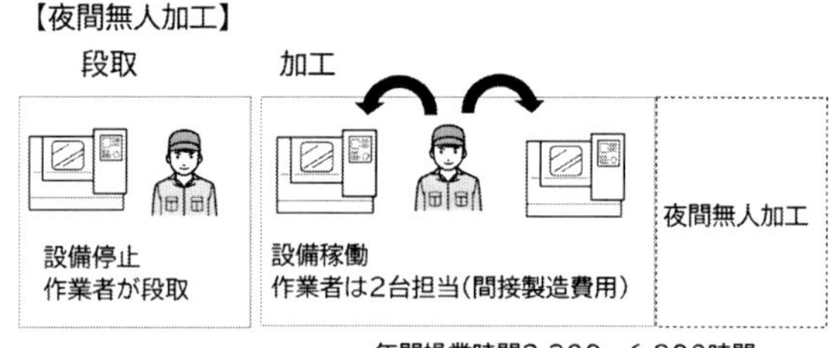

図 3-2-11　夜間無人加工の場合

夜間無人加工により

　設備の稼働時間：2,200 時間→ 6,800 時間

3 倍以上増加しました。その結果

　加工のアワーレート（設備）：1,720 円 / 時間→ 1,020 円 / 時間

アワーレートが大きく減少しました。

段取のアワーレートも下がり、人と設備合わせて 2,930 円 / 時間になりました。

夜間無人加工、無人加工、2 台持ちの製造費用と利益を比較したものを**図 3-2-12** に示します。

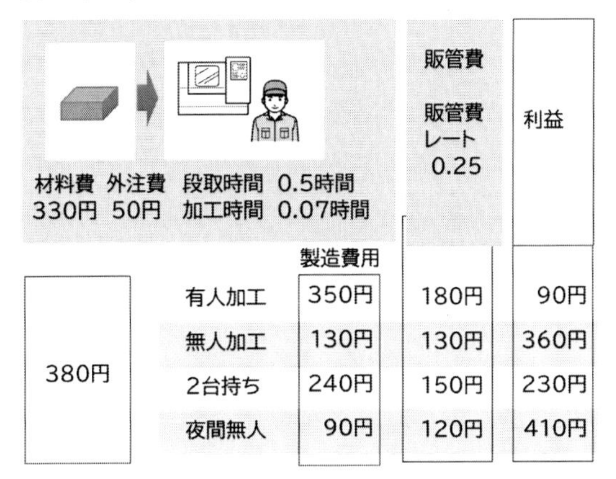

図 3-2-12　夜間無人加工との製造費用、利益の比較

製造費用		利益	
有人加工	：350 円	有人加工	：90 円
無人加工	：130 円	無人加工	：360 円
2 台持ち	：240 円	2 台持ち	：230 円
夜間無人加工	：90 円	夜間無人加工	：410 円

夜間無人加工により製造費用は 90 円になりました。従って夜間無人加工は高いコストダウン効果があります。

一方、ワイヤーカット放電加工機のように最初から夜間無人加工を前提にした設備は、夜間無人加工をしなければ原価が大きく上がってしまいます。

9）まとめ

(1) 無人加工は加工費用は設備の費用のみ、2台持ちは人の加工費用は1/2。

(2) 無人加工で人の加工費用をゼロにするためには、加工中作業者は別の現場で付加価値を生む作業を行わなければならない。

(3) 終業直前に加工をしかけて帰る「かけ逃げ」の場合、
元々の工程が
- 有人加工の場合は有人加工の原価
- 無人加工の場合は無人加工の原価

(4) 作業者をロボットに置き換えれば原価は大きく下がる。

(5) 夜間無人加工できれば稼働時間が長くなり、原価は大きく下がる。

10）利益まっくすの場合

①　各現場の有人加工、無人加工の設定は「現場情報入力」で行います。有人加工は人と設備の段取・加工はすべて「有」です。

【現場情報入力画面】

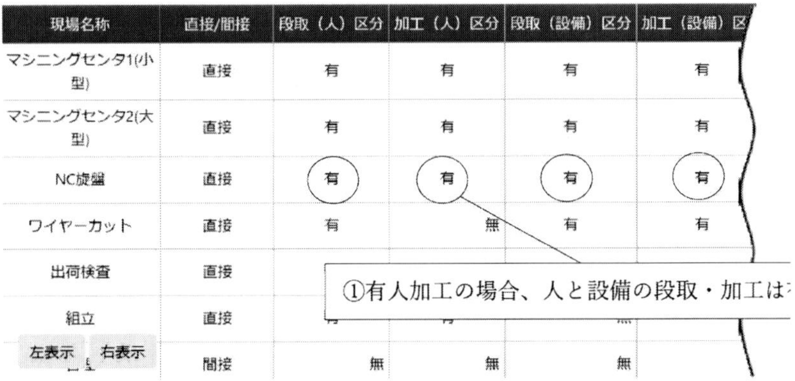

現場名称	直接/間接	段取（人）区分	加工（人）区分	段取（設備）区分	加工（設備）区
マシニングセンタ1(小型)	直接	有	有	有	有
マシニングセンタ2(大型)	直接	有	有	有	有
NC旋盤	直接	有	有	有	有
ワイヤーカット	直接	有	無	有	有
出荷検査	直接				
組立	直接				
	間接	無	無	無	

左表示　右表示

①有人加工の場合、人と設備の段取・加工は

②　無人加工の場合は、加工（人）を「無」にします。

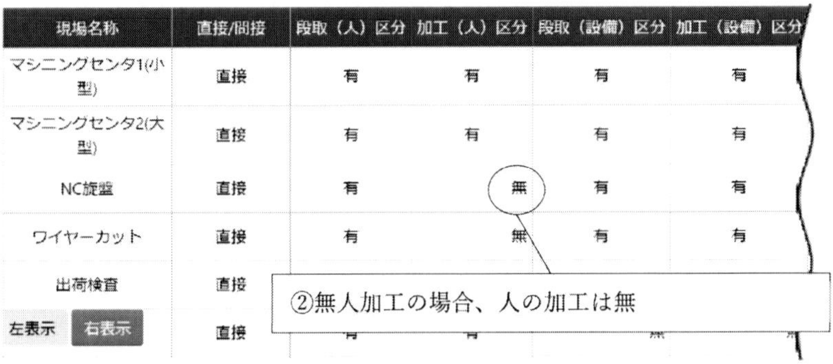

現場名称	直接/間接	段取（人）区分	加工（人）区分	段取（設備）区分	加工（設備）区分
マシニングセンタ1(小型)	直接	有	有	有	有
マシニングセンタ2(大型)	直接	有	有	有	有
NC旋盤	直接	有	無	有	有
ワイヤーカット	直接	有	無	有	有
出荷検査	直接				
	直接				

左表示　右表示

②無人加工の場合、人の加工は無

③　無人加工の現場は、作業者の時間の段取と加工の割合を入力します。この例は 50% が段取なので作業者情報入力「直接 %」に 50 を入力します。

【作業者情報入力画面】

社員コード	氏名	社員区分	年間労務費	就業時間(時)	稼働率0-1	直接/間接	直接%	間接%
1005	E	正社員	3,520,000	2,200	0.8000	直接	50.0	50.0
1006	F	正社員	3,520,000	2,200	0.8000	直接	50.0	50.0
1007	G	正社員	4,400,000	2,200	0.8000	直接	50.0	50.0
1008	H	正社員	[illegible]	[illegible]	.8000	直接	50.0	50.0

③直接%を 50 にする

④　加工のアワーレート（人）はゼロになりました。

【アワーレート入力画面】

現場	アワーレート			
	(人)段取（時）	(人)加工（時）	(設備)段取（時）	(設備)加工（時）
101 マシニングセンタ1(小型)	3,436.8	3,436.8	1,798.1	1,798.1
102 マシニングセンタ2(大型)	3,518.8	3,518.8	2,943.8	2,943.8
103 NC旋盤	2,891.9	0.0	1,216.9	4,108.8
104 ワイヤーカット	2,410.1	0.0	560.1	918.2
105 出荷検査	2,388.1	2,388.1	0.0	0.0
106 組立	1,949.4	1,949.4	0.0	0.0
10[illegible]	[illegible]	[illegible]	0.0	0.0
10[illegible]	[illegible]	[illegible]	0.0	0.0
109 生産管理	0.0	0.0	0.0	0.0
110 資材発注	0.0	0.0	0.0	0.0
111 品質管理	0.0	0.0	0.0	0.0
112 受入検査	0.0	0.0	0.0	0.0

④　無人加工は
加工のアワーレート(人)はゼロになる

無人加工では加工中の作業者は少なくてよいため、作業者の数を減らせばアワーレート（設備）はもっと低くなります。

⑤　2台持ちの場合、人の加工時間は1/2になります。

【見積計算（時間入力）画面】

受注ID	品番	品名	納期	個数
1005 ◆	1005	A5製品	2019-11-05	100

内製

現場	段取時間(人)（時）	加工時間(人)（時）	段取時間(設備)（時）	加工時間(設備)（時）
103 NC旋盤	0.500000	0.035000	0.500000	0.070000

外注

加工順	発注先コード
2	1

⑤加工時間（人）は設備の1/2

⑥　有人加工に比べ2台持ちは製造費用が低くなりました。

【見積計算（見積結果確認）画面】

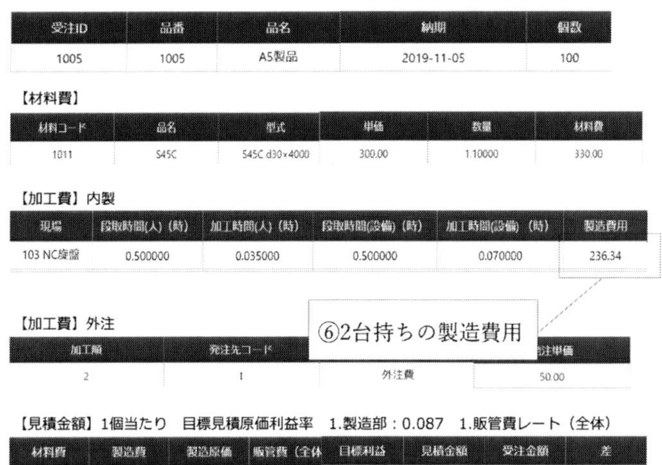

受注ID	品番	品名	納期	個数
1005	1005	A5製品	2019-11-05	100

【材料費】

材料コード	品名	型式	単価	数量	材料費
1011	S45C	S45C d30×4000	300.00	1.10000	330.00

【加工費】内製

現場	段取時間(人)（時）	加工時間(人)（時）	段取時間(設備)（時）	加工時間(設備)（時）	製造費用
103 NC旋盤	0.500000	0.035000	0.500000	0.070000	236.34

【加工費】外注

加工順	発注先コード		注単価
2	1	外注費	50.00

【見積金額】1個当たり　目標見積原価利益率　1.製造部：0.087　1.販管費レート（全体）

材料費	製造費	製造原価	販管費（全体	目標利益	見積金額	受注金額	差
330.00	236.34	616.34	153.47	66.97	836.78	1,000.00	163.22

3節 ロットの違いによる原価の違い

ロットの大きさが変われば原価はどのくらい変わるでしょうか。

本節は機械加工A社、樹脂成形加工B社のロットの違いによる原価の違いを比較します。

1）機械加工A社、樹脂成形加工B社のロットの違いによる原価の違い

1個の製造時間は第1章1節（式1-3）から

$$製造時間 = \frac{段取時間}{ロット数} + 加工時間 \quad -（式1\text{-}3）$$

ロットが大きくなれば、1個当たりの段取時間が短くなります。加工時間に比べて段取時間の長い製品は、ロットが変わると原価も大きく変わります。

では、ロットの違いにより原価はどのように変わるのでしょうか。具体的な数値で検証します。

①　機械加工A社

多品種少量生産の例として機械加工A社について考えます。

A社のA1製品のロットが100から20に減少しました。ここで

段取時間：0.5時間

加工時間：0.07時間

です。製造時間と製造費用を**図3-3-1**に示します。

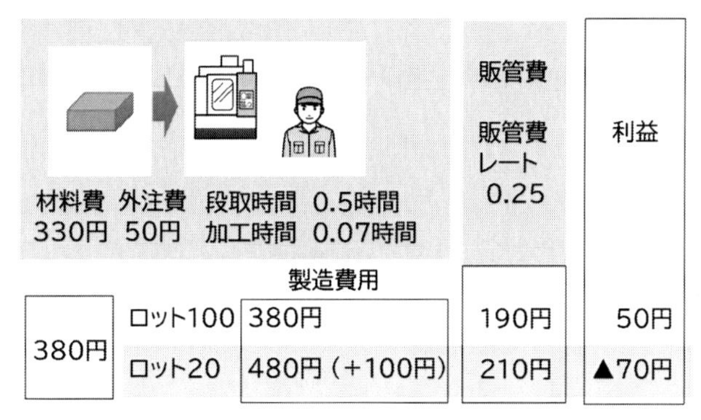

図 3-3-1　ロットの違いによる製造費用と利益

製造費用	利益
ロット 100：380 円	ロット 100：50 円
ロット 20　：480 円	ロット 20　：▲ 70 円

ロットが 100 から 20 に減少したことで 1 個当たりの段取時間は 5 倍になりました。その結果、製造費用は 100 円増加しました。

ロット 100 個では 50 円の利益がありましたが、ロット 20 個では 70 円の赤字になりました。

このように中小ロットの場合、ロットの大きさがわずかに変わっても原価が大きく変わります。

では大量生産ではどうでしょうか。

②　樹脂成型加工 B 社

樹脂成形加工 B 社　B1 製品のロットが 10,000 個から 1,000 個に減少しました。

段取時間：1 時間

加工時間：0.0167 時間（1 分）

製造費用と利益を**図 3-3-2** に示します。

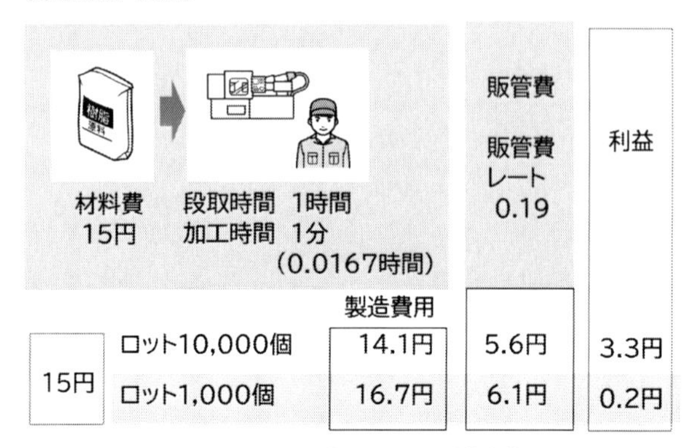

図 3-3-2　ロットの違いによる製造費用と利益

製造費用	利益
ロット 10,000：14.1 円	ロット 10,000：3.3 円
ロット 1,000　：16.7 円	ロット 1,000　：0.2 円

このように段取時間が長くても、ロットが大きければ1個当たりの段取費用は小さくなります。しかしロットが減少すれば、1個当たりの段取費用が増えて原価が上昇し、利益は0.2円に減少しました。

③　ロットが大きくても小さくても、ロットの減少は原価に影響する

中少量生産でも大量生産でも、ロットの大きさが変われば原価は変わります。しかしロットの小さい製品は、ロットの大きさが変わっても担当者は原価が大きく変わるとは思っていません。

発注先が1つの単価しか設定できない場合、ロットが変わっても同じ単価で発注されます。しかし、ロット100とロット20では原価は大きく違います。ロットが減少すれば価格交渉しなければなりません。

一方、納期に間に合わせるため、現場がロット100をロット20に分けて生産することもあります。ロットを分割すれば原価が上がることを現場に理解してもらい、現場が適切に判断できるようにします。

2) まとめ

(1) ロットが変わると1個当たりの段取費用が変わり原価も変わる。

(2) 大量生産でロットが大きい場合、段取時間が長くても1個当たりの段取費用は低い。しかし、ロットが少なくなると原価が増加する。

(3) 多品種少量生産もロットが変われば原価は変わる。
現場は100個→20個のようなロットの変化は原価が変わると思わないことがある。

(4) 発注ロットが少なくなっても、価格が同じ場合は価格交渉が必要。

(5) 納期に間に合わせるためなど、現場自らロットを分割する場合もある。

3) 利益まっくすの例

① 「受注入力」でロットの数を入力します。

【受注入力画面】

受注ID	品番	品名	顧客名1	顧客名2	担当部署	担当者名
1001	1001	A1製品				
1002	1002	A2部品				
1003	1003	A3製品				
1004	1004	A4製品				

担当部署	担当者名	受注日	納期	個数	受注価格	受注単価
		2019-10-05	2019-11-05	100	100,000.00	1,000.00
		2019-10-05	2019-11-05	100	100,000.00	1,000.00
		2019-10-05	2019-11-05	100	100,000.00	1,000.00
		2019-10-05	2019-11-05	100	100,000.00	1,000.00
		2019-10-05	2019-11-05	100	100,000.00	1,000.00
		2019-10-05	2019-11-05	20	20,000.00	1,000.00

① 受注毎にロット数を入力

② 見積原価計算では、段取時間はロットの数で割ります。

【見積計算（時間入力）画面】

受注ID	品番	品名	納期	個数
1001	1001	A1製品	2019-11-05	100

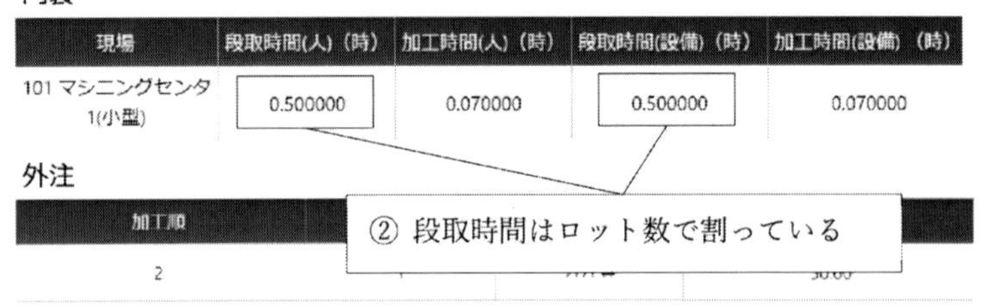

内製

現場	段取時間(人)（時）	加工時間(人)（時）	段取時間(設備)（時）	加工時間(設備)（時）
101 マシニングセンタ1(小型)	0.500000	0.070000	0.500000	0.070000

外注

加工順
2

③　段取費用も含めた製造費用が計算されます。

受注ID	品番	品名	納期	個数
1001	1001	A1製品	2019-11-05	100

【材料費】

材料コード	品名	型式	単価	数量	材料費
1011	S45C	S45C d30×4000	300.00	1.10000	330.00

【加工費】内製

現場	段取時間(人)（時）	加工時間(人)（時）	段取時間(設備)（時）	加工時間(設備)（時）	製造費用
101 マシニングセンタ1(小型)	0.500000	0.070000	0.500000	0.070000	381.46

【加工費】外注

加工順	発注先コード	発注先名	発注単価
2	1	外注費	50.00

【見積金額】1個当たり　目標見積原価利益率　1.製造部：0.087　1.販管費レート（全体）

材料費	製造費	製造原価	販管費（全体）	目標利益	見積金額	受注金額	差
330.00	381.46	761.46	189.60	82.74	1,033.80	1,000.00	-33.80

4節 段取時間の短縮と外段取化

ロットが減少すれば原価が高くなります。ロットが減少しても利益を出すためには、段取費用の削減が必要です。これには段取時間の短縮や外段取化があります。

この節は

1）２種類の段取

2）段取時間短縮の方法

3）外段取化

4）段取時間の短縮と外段取化のコスト削減効果

について述べます。

1）２種類の段取

一般的に「段取」と呼ばれる作業は、２種類あります。１つは「品種の切替」、もう１つは「新たな製品の生産準備」です。

①　品種の切替

現在生産中の製品を「すでに実績がある別の製品」に切り替えることです。今日では製品の種類が増え、大量生産の工場も以前より頻繁に段取を行っています。多品種少量生産では段取の頻度はさらに高くなっています。そのため段取時間は生産性に大きく影響します。

段取で行うことは加工方法によって変わります。具体的には以下のような内容です。

【機械加工】

加工プログラムの切替、刃物の交換、加工治具の準備、設定値の入力など

【樹脂成型】

金型の交換や樹脂原料の入れ替え、射出成形機の設定など

段取後は、テスト生産を行い品質を確認します。問題があれば製造条件を調整します。品質に問題がなければ生産を開始します。

すでに実績がある製品なので製造条件は確立し、作業手順も決まっています。そのためできるだけ短時間に行います。できれば目標時間を決め、実際にかかった時間を記録します。

②　新たな製品の生産準備

これは「今まで実績のない製品」の生産準備です。以下の作業が増えます。

【機械加工】

加工プログラムの作成やテスト加工

単品生産や多品種少量生産では、日々新たな製品を生産します。日常の段取の多くはこの「新たな製品の生産準備」です。

【樹脂成形加工】

新しい金型を使ったテスト加工、加工条件の調整です。量産の現場ではそれほど多くありません。

樹脂成形加工など量産工場では、「品種の切替」を段取と呼び、新たな製品の生産準備は「生産立ち上げ」や「生産準備」と呼ぶこともあります。

この新たな製品の生産準備は、時間よりも作業の正確さとその後生産中の品質が安定していることが重要です。最初の設定に問題があれば、その後不良品を大量に生産してしまいます。

このように、2種類の段取では内容や要求されることが違います。では段取時間はどうやって短縮すればよいでしょうか。

2) 段取時間短縮の方法

実際に段取作業を観察すると、様々な課題が見つかります。

① 段取に必要な治具や金型が近くにないため、遠くまで取りに行っている。あるいは治具や金型が見つからず探している。

② 治具や金型を取り付ける位置が定まっていないため、調整や芯出しをしている。

③ 交換部分がユニット化されていないため、交換に時間がかかる（例　マシニングセンタのツールホルダの数が十分になく、ツールホルダの交換でなく、ツールホルダの刃物を交換している）。

④ 段取作業で締め付けるボルトの数が多く、締め付けに時間がかかっている。

⑤ 段取の手順が作業者によってバラバラで、時間も作業者によって異なる。

このような課題を改善します。

一方、段取時間は同じでも、段取を生産中に行えば、設備の停止時間を短くできます。これが外段取化です。

3) 外段取化

外段取とは、生産中に次の生産の段取を行うことです。例えばプレス加工や樹脂成形加工では、生産中に次の金型を運んでおきます。樹脂成形加工では、すぐに生産できるように予めヒーターで金型の温度を上げておきます。

このように生産中に行う段取を「外段取」と呼びます。これに対して設備を止めて行う段取を「内段取」と呼びます。「内段取」の一部を「外段取化」すれば、段取中の設備の停止時間を短くできます。

図 3-4-1 では、金型交換 1 時間のうち、30 分を外段取化しました。その結果、内段取時間は 30 分に短縮できました。

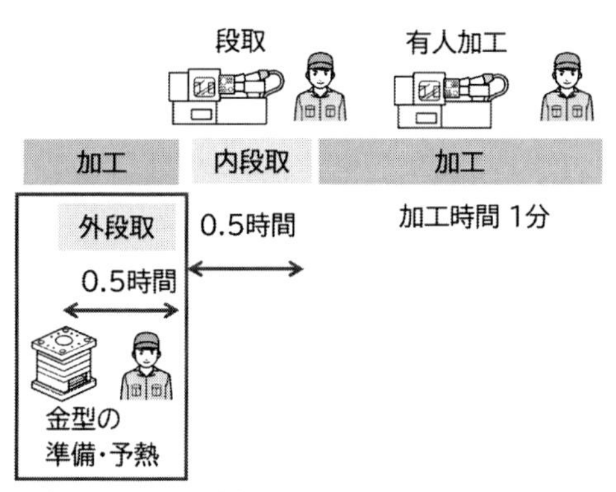

図 3-4-1　射出成型機の外段取化

【マシニングセンタの外段取】

マシニングセンタには、**図 3-4-2** に示すようにワークをパレットと呼ばれる治具に固定し、このパレットを自動で交換するものがあります。パレットを自動で交換する装置をパレットチェンジャー（PC）と呼びます。パレットの交換は自動で行いますが、パレットからのワークの着脱は作業者が行います。

パレットには異なるワークを取り付けることができるため、パレットを交換すれば品種を切り替えることができます。またパレットチェンジャーに多くのパレットをセットすれば、夜間無人で生産できます。

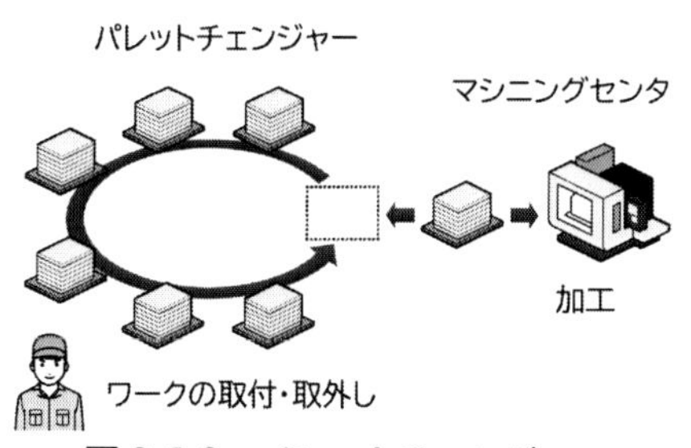

図 3-4-2　パレットチェンジャー

4) 段取時間短縮と外段取化のコスト削減効果

①　射出成型加工の外段取化の効果

樹脂成形加工 B 社　B1 製品（ロット 1,000 個）、外段取化によって原価がどれだけ改善されるのでしょうか。

【従来】

段取時間（内段取）　1 時間

【改善後】

外段取時間 0.5 時間　内段取時間 0.5 時間

外段取は生産中、作業者が空いている時間を使って行います。そのため外段取の人の費用はゼロです。

ロット数 : 1,000 個

加工時間 : 0.0167 時間（1 分）

この時の改善前と改善後の製造費用と利益を**図 3-4-3** に示します。

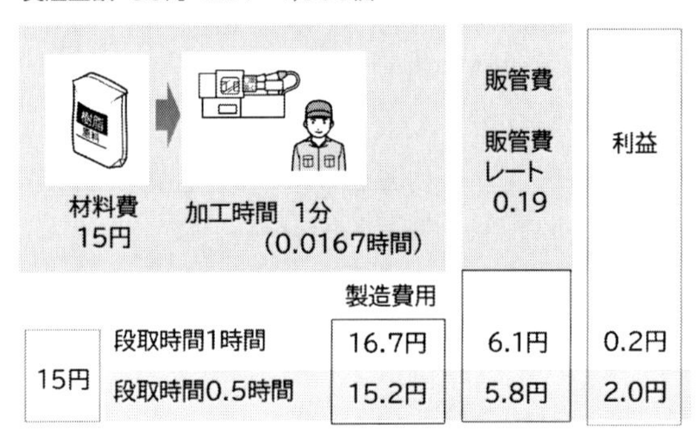

図 3-4-3　段取時間短縮の効果

製造費用		利益	
段取 1 時間	：16.7 円	段取 1 時間	：0.2 円
段取 0.5 時間	：15.2 円	段取 0.5 時間	：2.0 円

ロット 1,000 個では 0.2 円しかなかった利益が、段取時間を短縮し

たことで2.0円に増加しました。全体の製造時間も短くなり、時間当たりの出来高も増えました。

この外段取化のコスト低減は、作業者が空いている時間に行うことで人の費用がゼロだからです。生産中作業者が手一杯で、外段取のため他から応援してもらう場合は、人の費用が発生します。そうなると外段取化のコスト低減効果は大幅に減少します。

実は外段取化の最大のメリットは、設備の稼働時間が長くなることです。しかし、それをお金に変えるには、稼働時間が長くなった分、生産量を増やす、つまり受注を増やさなければなりません。**外段取化を進めても受注が増えなければ利益は増えません。**

②　パレットチェンジャーの効果

機械加工A社はA1製品の生産にパレットチェンジャー付きマシニングセンタを使用しました。パレットチェンジャー付きマシニングセンタで段取時間がゼロになれば原価はどうなるのでしょうか。

これも先の場合と同様に、パレット上のワークの着脱を誰が行うのかによります。加工中に手の空いている作業者がワークの着脱を行えばワーク着脱の人の費用はゼロです。しかし、加工中作業者の手が塞がっていて、別の作業者が行えば人の費用が発生します。

A1製品をパレットチェンジャー付きマシニングセンタで生産した場合の原価を**図3-4-4**に示します。

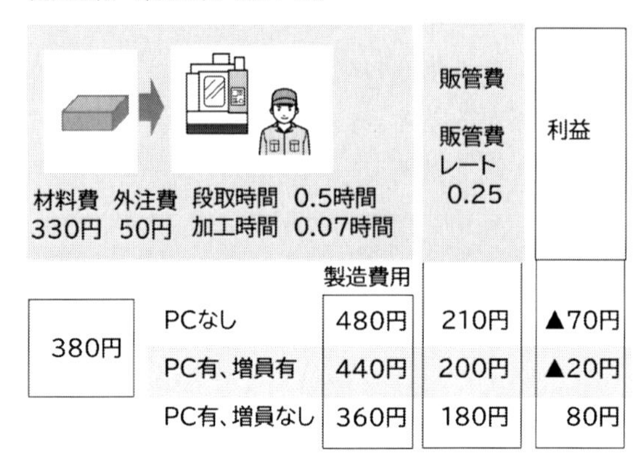

図 3-4-4 パレットチェンジャーの場合

製造費用		利益	
PC なし	：480 円	PC なし	：▲ 70 円
PC 有（増員有）	：440 円	PC 有（増員有）	：▲ 20 円
PC 有（増員なし）	：360 円	PC 有（増員なし）	：80 円

ロット 20 の場合、利益は▲ 70 円赤字でした。これが PC 有、増員有の場合、▲ 20 円でした。つまり段取のために増員して人の費用が発生すれば、外段取化してもコストダウン効果は高くありません。

パレットチェンジャーによる外段取化の最大のメリットは、段取作業をまとめて行うことで夜間無人運転ができることです。そうすれば設備の稼働時間が長く（2 倍以上）なります。稼働時間が長くなれば設備のアワーレートが下がります。

従って、パレットチェンジャー付きマシニングセンタを導入した場合、夜間無人運転を必ず行います。同様に他の設備でも、高価なワーク自動交換装置を導入した場合、必ず夜間無人運転を行います。

この外段取化は、工程の品質が安定していて、段取後に加工条件の細かな調整が不要でなければなりません。品種切替後、作業者が加工状況を観察したり、切替後の初品を検査して補正値を入力していれば夜間無人運転はできません。

5）まとめ

(1) 段取には品種切替と新たな生産準備があり、
- 品種切替はできるだけ短時間行うことが求められる
- 新たな生産準備は、時間短縮よりも確実性が重要

(2) 段取時間の短縮方法には、作業の標準化、治具や金型の整理・整頓、調整レス化、ボルトレス化がある。

(3) 外段取化により設備の稼働時間は長くなる。マシニングセンタのパレットチェンジャーはワークの自動交換と品種の自動切替を実現する。

(4) 外段取は
- 生産中に手の空いている作業者が行えば外段取コストはゼロ
- 他から応援すれば人のコストが発生

(5) パレットチェンジャーの最大のメリットは段取コスト削減よりも夜間無人運転ができること。これにより稼働時間が大幅に増え、アワーレートが下がる。

6) 利益まっくすの例

① 樹脂成形加工 B 社　50 トン成形機で段取時間を 0.5 時間短縮した場合、見積原価計算の段取時間に 0.5 時間（1/2）を入力

【見積計算（時間入力）画面】

受注ID	品番	品名	納期	個数
1001 ⬍	1001	B1製品	2023-07-13	1,000

内製

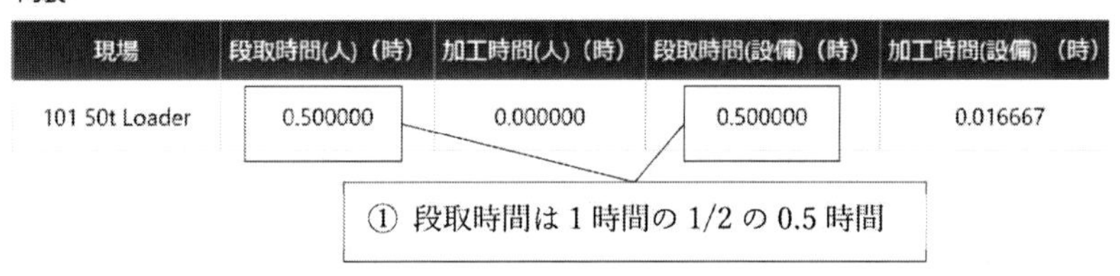

現場	段取時間(人)（時）	加工時間(人)（時）	段取時間(設備)（時）	加工時間(設備)（時）
101 50t Loader	0.500000	0.000000	0.500000	0.016667

② 段取時間短縮前に比べ製造費用は減少しました。

【見積計算（見積結果確認）画面】

受注ID	品番	品名	納期	個数
1001	1001	B1製品	2023-07-13	10,000

【材料費】

材料コード	品名	型式	単価	数量	材料費
123	ABS	ABS	300.00	0.05000	15.00

【加工費】内製

現場	段取時間(人)（時）	加工時間(人)（時）	段取時間(設備)（時）	加工時間(設備)（時）	製造費用
101 50t Loader	0.500000	0.000000	0.500000	0.016667	15.23

【見積金額】1個当たり　目標見積原価利益率　1.製造部：0.087　1.販管費レート（全体）

材料費	製造費	製造原価	販管費（全体）	目標利益	見積金額	受注金額	差
15.00	15.23	30.23	5.80	1.91	37.94	38.00	0.06

第4章 原価を活かして見えない損失を発見する

実績原価が見積原価よりも増えれば、予定より利益は少なくなっています。しかし実績原価を把握しなければ、それもわかりません。その結果「見積では利益が十分あるはずなのに決算では思ったほど利益がない」となります。

これを防ぐには、実績原価を把握して早く問題を見つけて対処します。

見積原価で製造できない原因には、以下のようなものがあります。

(1) 製造時間の予測が甘かった

(2) 製造工程に問題があり予定した時間で製造できなかった
　（これには様々な原因があります）

(3) 見積よりもロットが小さかった（第3章4節）

(4) 見積にない検査が増えた (5) 材料価格が上昇した (6) 不良によるロスが増えた (7) 経費が増加した (8) 設計の失敗があった (9) 間接部門が増員した	第4章で取り上げる内容

「(3) 見積よりもロットが小さい」件は、第3章4節で説明しました。第4章では (4) ～ (9) について説明します。

1節 検査追加による損失

検査費用が最初から見積に入っていれば問題はありません。しかし、見積にない検査をすれば原価は増えています。

あるいは、当初は無検査や抜取検査でした。しかし不良が流出したため全数検査を追加した場合です。全数検査の分、原価が増えています。

この検査の損失について

1）検査の種類

2）検査費用の違い

を述べます。

1）検査の種類

検査の種類は大きく分けると

①　全数検査

②　抜取検査

③　無検査

の3つです。

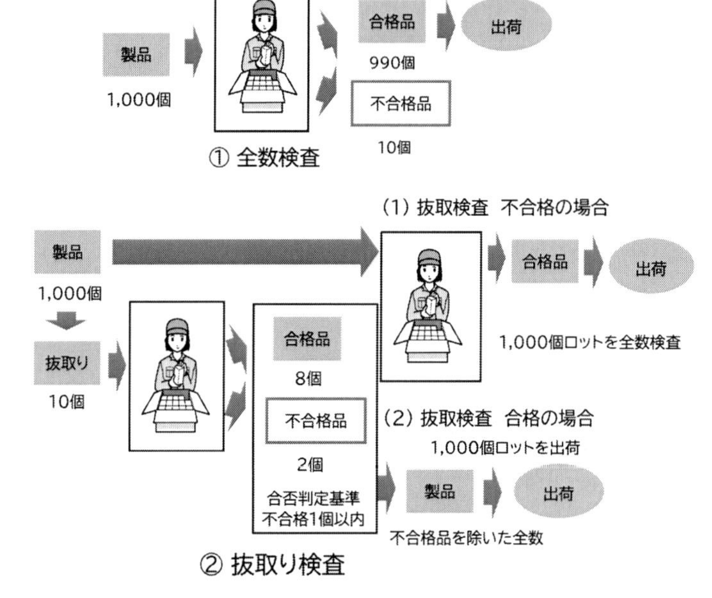

図4-1-1　抜取検査と全数検査

① 全数検査

製品をすべて検査する方法です。確実ですが、その分コストがかかります。プレス加工など加工時間が短い製品は、生産時間よりも検査時間の方が長く原価は大きく上昇します。

一方、全数検査でも検査漏れは起きます。全数検査をしても100%良品とは限りません。例えば、人が目視で検査する目視検査では、見逃しがどうしても起きてしまいます。

② 抜取検査

一定量のサンプルを抜き取って検査する方法です。抜き取ったサンプルの結果を統計的手法を用いて判定します。**図4-1-1**の抜取検査は、1,000個から10個を抜き取り「不合格品が1個以内なら合格」でした。不合格品が2個あれば、そのロットは不合格です。その場合、このロットは全数検査をします。

この抜取検査の方法はJIS(JIS Z 9002～9004、Z9015)に詳しく記載されています。実際はJISに規定された方法でなく「1,000個生産したから5個抜き取って検査」と抜取り数を適当に決めていることもあります。

製品の強度や溶接・半田付けなど接合部の強度は、破壊しなければ測定できません。従って検査したものは使えません。硬さ測定も製品にくぼみをつけるため、検査したものは使えません。こうした検査は抜取検査しかできません。

抜取検査の課題は、

- 不良品が流出することがある
- 誤判定がある

この2点です。これはサンプルからロット全体を（統計的手法で）推定するためです。つまり**100%良品を保証することは抜取検査ではできない**のです。その一方、強度測定のように抜取検査でしかできない検査があります。

今日、品質に対する要求は厳しく、顧客は「100％良品」を求めます。しかし抜取検査は100％良品を保証できません。だからといって全数検査をしても100％良品とは限りません。

100％良品を保証するには、以下の2点が重要です。

- ポカヨケのような不良品をつくらない仕組みをつくって、100％良品ができるようにする
- ばらつきを抑えて不良の発生確率を低くする。

では、この抜取検査の費用はいくらでしょうか。

抜取検査の場合、1個当たりの検査費用は、検査費用に抜取りの比率をかけて計算します。

$$1個当たりの検査費用 = 検査費用 \times 抜取りの比率 = \frac{1個の検査費用 \times 検査数}{ロットの数} \quad -（式4\text{-}1）$$

③　無検査

検査しないことです。

- 規格から外れても、後工程や客先で発見できる
- 規格から外れても、その影響は限られるので検査費用をかけるまでもない
- 規格に対し、製品の品質が十分に高い

このような場合、無検査で製造します。

3種類のどの検査方法を採用するかは、製品の特長や品質に対する考え方によって異なります。

2）検査費用の違い

見積に全数検査が入っていないのに、全数検査を追加すれば原価は増えます。赤字になることもあります。何とか全数検査をやめたいと

ころです。そこで顧客に全数検査の廃止を理解してもらうために、コストダウンを訴えます。では、検査をやめるといくらコストダウンになるのでしょうか？

無検査、抜取検査、全数検査でどれだけ原価が変わるのか、具体的な数値で確認します。

①　機械加工A社　A1製品の場合

機械加工A社　A1製品の原価を無検査、抜取検査、全数検査で比較します。検査は各寸法をノギス、マイクロメーターで行いました。

検査時間　　　　　：3分（0.05時間）

検査のアワーレート：2,350円/時間

検査費用を以下に示します。

【全数検査】

検査費用＝検査のアワーレート×検査時間

＝2,350×0.05

＝117.5≒120円

全数検査追加による原価の上昇は120円でした。

【抜取検査】

抜取検査の数：100個中5個抜取

1個当たりの検査費用

$$= \frac{1個の検査費用 \times 検査数}{ロットの数} = \frac{118.5 \times 5}{100} = 5.9 \fallingdotseq 6円$$

A1製品の抜取検査、全数検査の製造費用と利益を**図4-1-2**に示します。

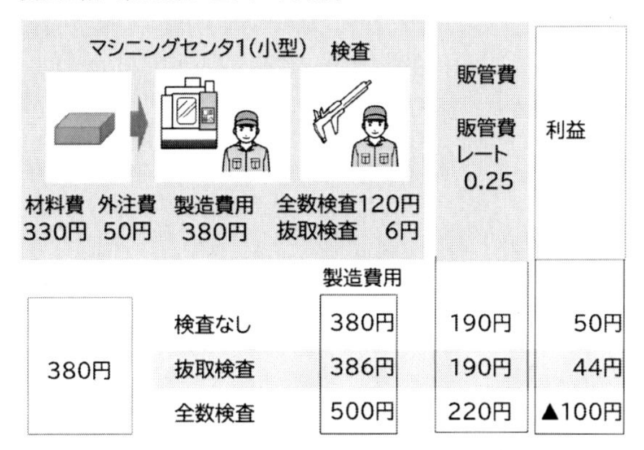

図 4-1-2　A1 製品　検査追加による製造費用と利益

検査費用	利益
無検査　：0 円	無検査　：50 円
抜取検査：6 円	抜取検査：44 円
全数検査：120 円	全数検査：▲ 100 円

抜取検査では、利益は 6 円減少し、

全数検査では、利益は 100 円の赤字でした。

検査費用が見積に入っていない場合、**全数検査を追加すれば原価は大幅に増加します。**

抜取検査は 1 個あたりの検査費用が全数検査の 5/100 に減少します。そのため検査費用は 6 円、原価への影響は大きくありません。そのため抜取検査の費用を原価と考えない企業もあります。

②　樹脂成型加工 B 社　B1 製品の場合

樹脂成形加工 B 社は、B1 製品を検査員が外観のキズや汚れを目視で検査しました。

検査時間　　　　　　：8 秒（0.0022 時間）

検査のアワーレート：1,920 円 / 時間

【全数検査】

検査費用＝検査のアワーレート×検査時間

$$= 1{,}920 \times 0.0022$$

$$= 4.2\text{円}$$

全数検査追加による原価の上昇は4.2円でした。

【抜取検査】

抜取検査の数　10,000個中10個抜取

$$1\text{個当たりの検査費用} = \frac{1\text{個の検査費用} \times \text{検査数}}{\text{ロットの数}}$$

$$= \frac{4.2 \times 10}{10{,}000} = 0\text{円}$$

抜取検査、全数検査のB1製品の製造費用と利益を**図4-1-3**に示します。

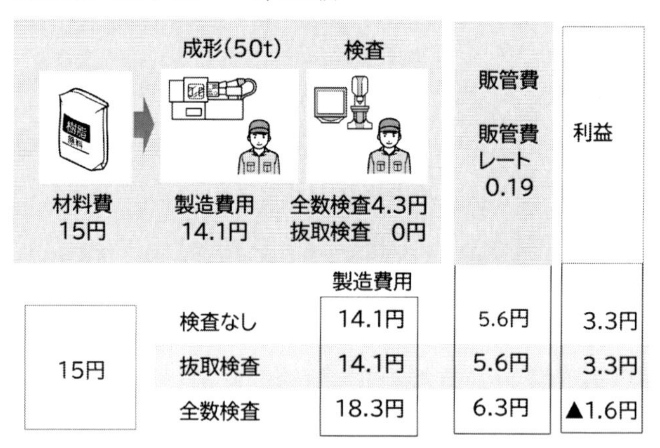

図4-1-3　B1製品の検査追加

検査費用	利益
無検査　：0円	無検査　：3.3円
抜取検査：0円	抜取検査：3.3円
全数検査：4.2円	全数検査：▲1.6円

B1製品は、加工時間60秒に対し、検査時間が8秒でした。無人加工のため加工のアワーレートは830円/時間と低く製造費用も低いのですが、検査は検査員が行うためアワーレートは1,920円、加工よりもアワーレートは高くなっています。そのため検査費用は4.2円かかり、全数検査は1.6円の赤字でした。

3）検査追加による損失のまとめ

(1) 検査の種類は
- 全数検査
- 抜取検査
- 無検査

(2) 全数検査を追加すれば利益は大幅に減少、あるいは赤字になる
(3) 抜取検査を追加しても、1個当たりの検査費用は低いため、影響は少ない

1個当たりの検査費用＝検査費用×抜取りの比率

$$= \frac{1\text{個の検査費用} \times \text{検査数}}{\text{ロットの数}} \quad \text{-（式4-1）}$$

4）利益まっくすの場合

①　A1社　A1製品　全数検査を追加のため
　　検査時間0.05時間を入力

【見積計算（時間入力）画面】

受注ID	品番	品名	納期	個数
1008 ⬍	1008	A8製品	2019-11-05	100

内製

現場	段取時間(人)（時）	加工時間(人)（時）	段取時間(設備)（時）	加工時間(設備)（時）
101 マシニングセンタ1(小型)	0.500000	0.070000	0.500000	0.070000
105 出荷検査	0.000000	0.050000		

① 検査時間0.05時間(3分)

②　全数検査追加により製造費用は117.48円増加しました。

【見積計算（見積結果確認）画面】

受注ID	品番	品名	納期	個数
1008	1008	A8製品	2019-11-05	100

【材料費】

材料コード	品名	形式	単価	数量	材料費
1011	S45C	S45C d30×4000	300.00	1.10000	330.00

【加工費】内製

現場	段取時間(人)（時）	加工時間(人)（時）	段取時間(設備)（時）	加工時間(設備)（時）	製造費用
101 マシニングセンタ1(小型)	0.500000	0.070000	0.500000	0.070000	381.46
105 出荷検査	0.000000	0.050000	0.000000	0.000000	117.48

【加工費】外注

加工順	発注先コード	発注先名	
3	1	外注費	

【見積金額】1個当たり　目標見積原価利益率　1.製造部：0.087　1.販管費レート（全体）

材料費	製造費	製造原価	販管費（全体）	目標利益	見積金額	受注金額	差
330.00	498.94	878.94	218.86	95.51	1,193.31	1,000.00	-193.31

2節　材料価格の変動

材料費の割合が高い製品は、材料価格が変動すれば原価が大きく変わります。そこで材料価格の変動を原価に細かく反映させます。それに対し、材料費の割合が低い製品は、材料価格の変動を原価に細かく反映してもメリットは多くありません。

材料費について

1）材料費の種類

2）材料費の計算方法

3）材料歩留と材料ロス率

4）スクラップ費用の計算

5）材料価格の変動と値上げ交渉

の5点を述べます。

1）材料費の種類

材料には**図 4-2-1** に示す様々なものがあります。

図 4-2-1　材料の種類

原材料には、固体、粉体や液体、植物や動物など有機物があります。

固体：金属材料（棒やブロック形状、板材）など
粉体や液体：樹脂（ペレット）、化学製品、食品など
有機物：野菜も果物や食肉など農産物、水産物など
部品：メーカーの完成品やボルト、ナットなどの資材

原料と材料の違いは、製造工程で物理的・化学的変化があるかどうかです。

原料：物理的・化学的な変化がある
材料：物理的・化学的な変化がない

です。部品とは、自社で加工せずに、そのまま組み立てるものです。

原材料は、固体、粉体・液体、有機物により材料歩留やロス率の考え方が異なります。

また材料費は直接材料費と間接材料費があります。

直接材料費（主に材料費）：主要材料、購入部品
間接材料費（製造経費）　：補助材料、工場消耗品、消耗工具器具備品

これを**図 4-2-2** に示します。

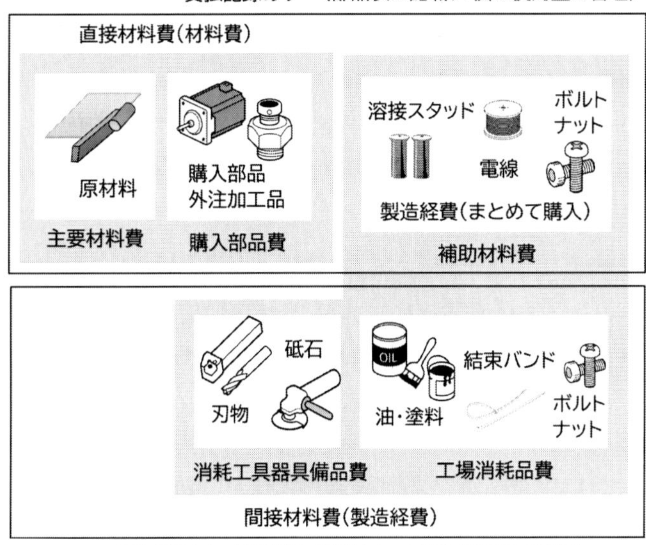

図 4-2-2　材料費の種類

直接材料費

【原材料、部品】

- 主要材料・購入部品
- 部品表に使用量が記載され、製品毎に原価が明確

補助材料費

【補助材料費】例　ボルト・ナット、電線、溶接スタッドなど

- まとめて購入され、間接製造費用として計上
- 部品表に使用量が記載され、製品毎に原価が明確
  （受払記録がある）

【工場消耗品費】例　油・塗料、結束バンド、ボルト・ナット

- まとめて購入され、間接製造費用として計上
- 部品表に使用量が記載されず、製品毎に原価があいまい
  （受払記録がない）

この分け方は企業によっても違います。例えば塗料は、設備メーカ

ーでは原価に占める割合が低く工場消耗品です。

しかし、塗装工場では塗料は原材料（主材料）です。使用量を製品毎に管理して原価に組み込みます。

ボルト・ナットも企業により補助材料費だったり、工場消耗品だったりします。

【消耗工具器具備品費】例　刃物、砥石など

- まとめて購入され、間接製造費用として計上
- 製品による消耗度合いが不明

切削工具の中で特定の製品で消耗が大きいものは、その製品の原価に入れます。

材料の費用は材料費だけではありません。他にも材料の購入に伴って発生する費用があります。これは材料副費と呼ばれます。（**図 4-2-3**）

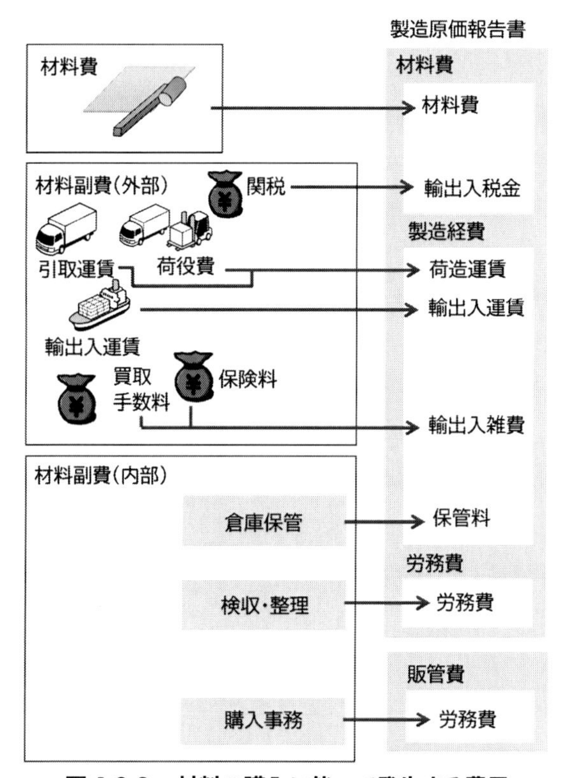

図4-2-3　材料の購入に伴って発生する費用

材料副費には

- 材料の発注・受入・検収に伴って発生する費用
- 材料の購入に伴って発生する費用（保険・税金など）
- 材料の輸送・保管に伴って発生する費用

があります。海外から材料を直接購入する場合は、関税や手数料も発生します。

材料副費の例を以下に示します。( ) 内は経理での仕訳科目の例です。

【外部で発生する費用】

- 運送費・荷役費　（荷造運賃）

海外から購入する場合、以下の費用も発生します。

- 輸出入運賃　　　　　（荷造運賃・輸出入運賃）
- 関税　　　　　　　　（輸出入税金）
- 買取手数料・保険料　（輸出入雑費）

一方､材料の発注や受入には下記のような社内の費用も発生します。

【内部で発生する費用】

- 検収・整理のための人件費　　（労務費）
- 保管のために倉庫を借りている　（保管料）
- 注文・支払事務の人件費　　　（労務費・販管費）

材料副費は､材料費､労務費､製造経費､販管費などに計上されます。

材料副費は材料の購入に伴って発生しますが、材料の購入と発生時期がずれ、複数の材料をまとめて計上されるため、どの費用がどの材料に対応するのかわかりません。また運送費や保管料は販管費になっていることもあります。

従って、材料副費も含めた材料費を正確に計算するのは困難です。そこで材料副費は間接製造費用として現場に分配します。

ただし材料を国内と海外のどちらから調達すべきか判断する場合は、材料価格だけでなく、材料副費も含めて判断しなければなりません。単価は海外の方が安くても、まとめ買いが必要だったり保管費用や倉庫へ運ぶ運賃が必要だったりして、海外の方が高くなっているかもしれません。

2）材料費の計算方法

材料費が変動すれば、在庫の単価と新たに購入した材料の単価が変わります。在庫と購入した材料を併せて使用する場合、材料費はいくらになるでしょうか。

この場合の材料費の計算は、以下の方法があります。

【先入先出法】

先に買ったものから先に使用するものとして、それぞれの材料単価から計算

【総平均法】

全期間を通して材料の平均単価を計算

【移動平均法】

一定期間での材料単価の移動平均を計算

このうち総平均法は、その期間が終わらないと材料費がわかりません。そこで見積には先入先出法か移動平均法を使います。ただし、いずれの方法でも材料費を計算するには在庫の情報が必要です。

この在庫は、どの企業も年に１回は棚卸で調べています。材料費の見直し間隔が１年に１回ならば問題ありません。もっと短期間、例えば材料費の変動を毎月反映させようとすれば、毎月棚卸を行わなければなりません。しかし棚卸を毎月行うのは大変です。そうなると先入先出法や移動平均法は難しいです。

他には、その時点の最新の価格を材料価格としてしまう方法もあります。前に買った材料の価格がいくらであっても、材料を新しく買った時点ですべて新しく買った材料の価格にする方法です。

では、先入先出法、移動平均法、最新の価格で材料費がどのくらい変わるでしょうか。

例として、材料の在庫金額と在庫量、購入した金額と購入量を以下に示します。

在庫：単価 250 円 /kg　在庫量 200kg

購入：単価 300 円 /kg　購入量 800kg

新たに購入した材料は、単価が 50 円 /kg 上がりました。

300kg 材料を使用する場合の単価を①先入先出法、②移動平均法、③最新の単価を使用、３つの方法で比較しました。

①先入先出法

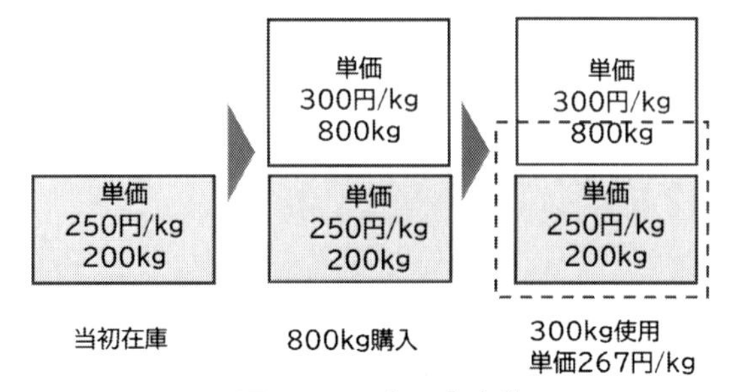

図 4-2-4　先入先出法

$$単価=\frac{使用する在庫の材料価格+使用する購入材料価格}{使用量}$$

$$=\frac{250\times 200+300\times 100}{300}=267\text{円}/\text{kg}$$

②移動平均法

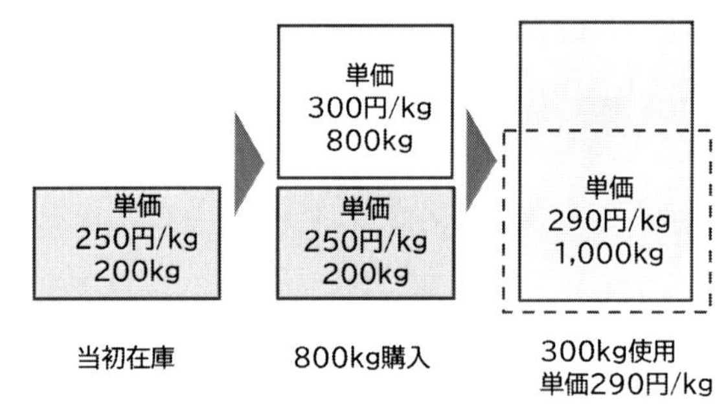

図 4-2-5　移動平均法

$$単価=\frac{在庫の材料価格+購入材料価格}{在庫量}$$

$$=\frac{250\times 200+300\times 800}{1{,}000}=290\text{円}/\text{kg}$$

③最新の価格を使用

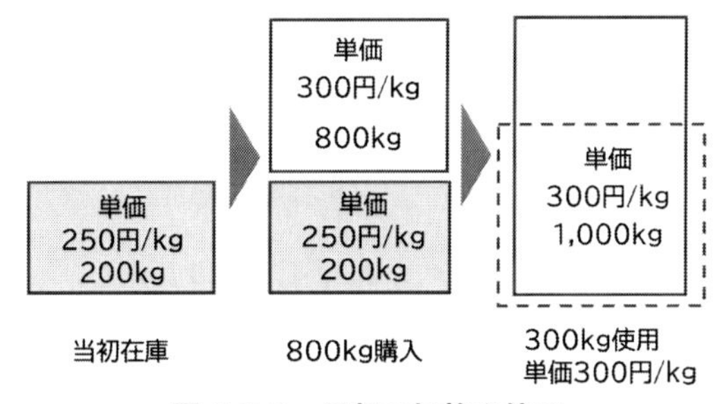

図4-2-6　最新の価格を使用

最新の価格を使用する場合、単価は300円/kgでした。

材料単価が
　在庫：250円/kg
　購入：300円/kg
のとき材料価格は
　先入先出法：267円/kg
　移動平均法：290円/kg
　最新の価格：300円/kg
でした。

材料費の比率の高い製品では、これにより原価は大きく変わります。これはどのように考えたらよいのでしょうか。

実は3つの方法による材料単価の違いは、材料単価の変動が使用する材料の単価に反映されるタイミングの違いです。このタイミングは

最新の価格→移動平均法→先入先出法

の順に反映されます。そして在庫を使い切ればどの方法でも最新の価格になります。そのため長いスパンで見れば結果は同じです。（詳細は〈注1〉参照）

〈注1〉材料単価の変動に対する材料費の計算方法の違いをシミュレーションしました。

【条件】

・材料単価は、1月から3月にかけて、毎月20円/kg増加、4月から6月にかけて、毎月20円/kg減少

・月末在庫は毎月末100kgに減少する。そのため毎月月初に1,000kgを購入。

この条件で材料を500kg使用する場合、3つの方法で材料費を計算しました。

3つの方法での1～6月の材料単価の変動を**表4-2-1**に示します。

表4-2-1　材料費の変動と材料費の違い　　**単位：円**

		1月	2月	3月	4月	5月	6月
単価	購入	220	240	260	240	220	200
	在庫	200	220	240	260	240	220
材料費	先入先出	216	236	256	244	224	204
	移動平均	218	238	258	242	222	202
	最新	220	240	260	240	220	200
差額	先入先出	0	0	0	0	0	0
	移動平均	2	2	2	▲2	▲2	▲2
	最新	4	4	4	▲4	▲4	▲4

材料費が上昇する1月から3月

先入先出法　基準

移動平均法　プラス2円

最新の単価　プラス4円

材料費が低下する4月から6月

先入先出法　基準

移動平均法　マイナス2円

最新の単価　マイナス4円

半年間を通してみれば、変動は相殺されます。

3) 材料歩留と材料ロス率

購入した材料は100%製品にならず材料のロスが発生することがあります。

その場合の材料費は以下の式で計算します。

材料費＝材料単価×使用量×（1＋材料ロス率）－（式4-2）

材料ロスの原因は
①　切削加工など除去加工
　・必要な寸法精度に仕上げるための取り代
　・定寸材から切り出す場合、切断代と端材
②　板金プレス加工など成型加工
　・板材から切り出した端材
③　樹脂成形など粉体・液体材料
　・設備や容器に付着して製品にならない材料
　・ランナーなど金型の経路で固まった材料
などがあります。

これを材料歩留〈注2〉といいます。材料費を正しく計算するには、材料歩留を計算します。材料歩留を改善すれば、原価は下がります。

〈注2〉歩留とは、インプットに対するアウトプットの比率です。歩留には
材料歩留：投入した原材料に対する完成品の割合
製品歩留：生産数における良品の割合
などがあります。これらを単に歩留と呼ぶこともあります。
本書は、混同を避けるため、製品歩留、材料歩留と明記します。

切粉や端材を回収業者が買ってくれる場合、その分材料費が下がります。（これについては「4). スクラップ費用の計算」で説明します。）

スクラップがお金になる場合、材料費の計算にスクラップ費用も入れます。

これは以下の式で計算します。

材料重量＝製品重量＋スクラップ重量

$$材料歩留 = \frac{製品重量}{材料重量} \quad －（式4-3）$$

材料費＝（材料単価×材料重量）－（スクラップ単価×スクラップ重量）
－（式 4-4）

①　切削加工の材料歩留の計算例

切削加工では、材料寸法は完成寸法に取り代をプラスします。**図 4-2-7** では、完成寸法に対し片側で 3mm の取り代としました。その結果、

材料寸法：106mm
製品重量：7.8kg
材料重量：9.3 kg

$$材料歩留 = \frac{製品重量}{材料重量} = \frac{7.8}{9.3} = 0.839 \fallingdotseq 84\%$$

材料単価：300 円 /kg

$$材料費 = 9.3 \times 300 = 2{,}790 円$$

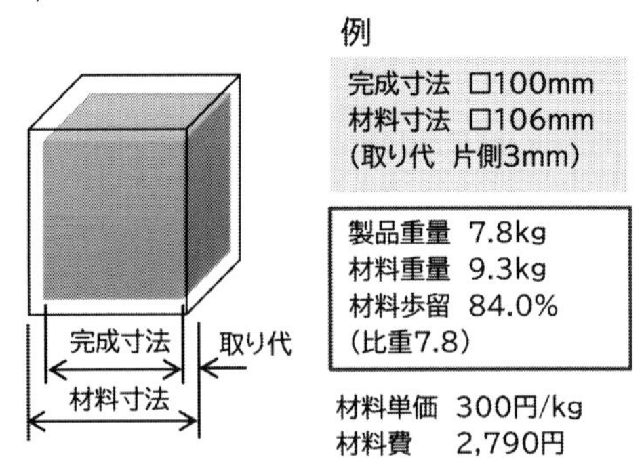

図 4-2-7　切削材料の材料歩留の例

棒状・板状の材料を定寸材から切断する場合、端材が生じます。端材の分、材料歩留は悪化します。

図4-2-8 では、素材は ϕ 50 × 1,000mm の定寸材で長さ 29mm で切断します。切断のロスを 1mm としました。その結果、定寸材から 33 個取れました。定寸材の価格を取り数 33 で割ると、材料費は 139 円でした。

1個の材料重量　：0.44kg
定寸材の kg 単価　：300 円 /kg
定寸材の重量　：15.3kg
定寸材の価格　：4,590 円

$$\text{材料歩留} = \frac{\text{製品重量}}{\text{材料重量}} = \frac{0.44 \times 33}{15.3} = 0.949 \fallingdotseq 95\%$$

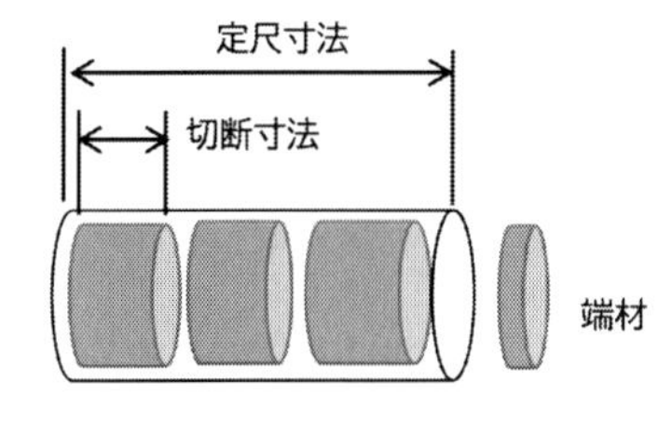

完成寸法　Φ46×25mm
材料寸法　Φ50×29mm
（取り代　片側2mm）

定寸材　Φ50×1,000mm
定寸材重量　15.3kg
定寸材価格　4,590円
素材個数　33個
端材寸法　11mm
（切断ロス1mm）
材料歩留　95%

1個の材料費　139円

図4-2-8　定寸材から切り出して使用する場合

②　プレス加工の材料保留の計算例

図4-2-9 は、プレス加工や板金加工などで四角の板材から丸く切り出す例です。

製品重量：0.098kg
材料重量：0.14 kg
材料単価：120 円 /kg
材料費　：16.8 円

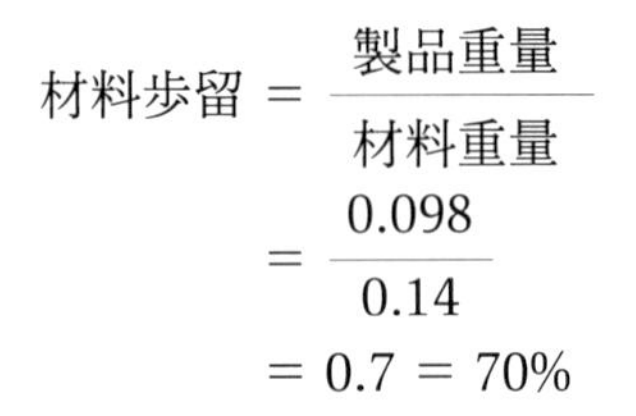

$$
\text{材料歩留} = \frac{\text{製品重量}}{\text{材料重量}} = \frac{0.098}{0.14} = 0.7 = 70\%
$$

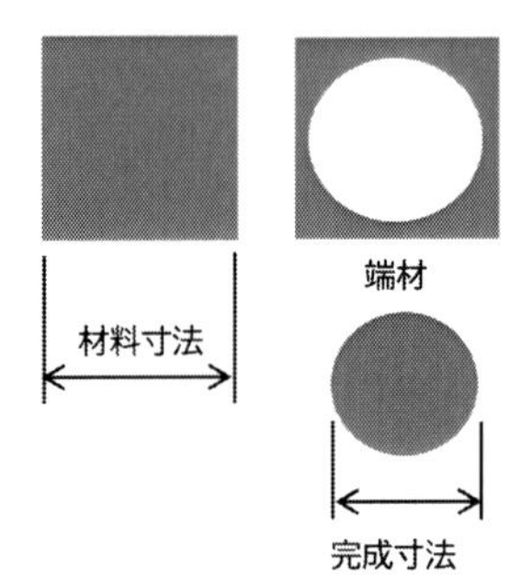

例

完成寸法　Φ100×1.6mm
材料寸法　□106×1.6mm

製品重量	0.098kg
材料重量	0.140kg
材料歩留	70%

板材のkg単価　120円/kg
材料費　16.8円

図 4-2-9　プレス加工の場合の材料歩留

製品が円形の場合、**図 4-2-10** のように三列を千鳥に配置すれば、製品の面積の比率が上がり、材料歩留は向上します。

完成寸法　Φ100×1.6mm×3枚
材料寸法　277×106×1.6mm

製品重量	0.098×3=0.294 kg
材料重量	0.366kg
材料歩留	80%

板材のkg単価　120円/kg
1個の材料費=0.366×120/3=14.6円

図 4-2-10　千鳥配置にした場合

1 列配置の場合、材料費は 16.8 円、材料歩留は 70% です。しかし 3 列配置の場合、材料費は 14.6 円、材料歩留は 80% になります。

$$
\text{材料費低減率} = \frac{\text{改善前材料費} - \text{改善後材料費}}{\text{改善前材料費}} = \frac{16.8 - 14.6}{16.8} = 0.131 = 13\%
$$

材料費は13%低減できました。プレス加工は、原価に占める材料費の比率が高く、材料歩留を改善すれば原価は大きく下がります。

③　粉体、液体材料の材料ロス率

樹脂射出成形加工のように材料が粉体（粒体）の場合、投入した材料の一定量が紛失します。さらに樹脂射出成形はランナーのロスもあります。「ランナー」とは成形後製品に枝のようについているもので、これは金型内の経路に残った樹脂です。一方、ランナーを粉砕して再利用できれば材料ロスは少なくなります。しかし、透明な製品など品質を重視する場合、ランナーを再利用できません（**図 4-2-11**）。

また段取で材料を変える場合、今まで使用していた材料を成形機や金型から排出して新しい材料を入れます。排出された材料は再利用できず、これも材料ロスになります。このような樹脂成形で生じるロスを**図 4-2-11** に示します。

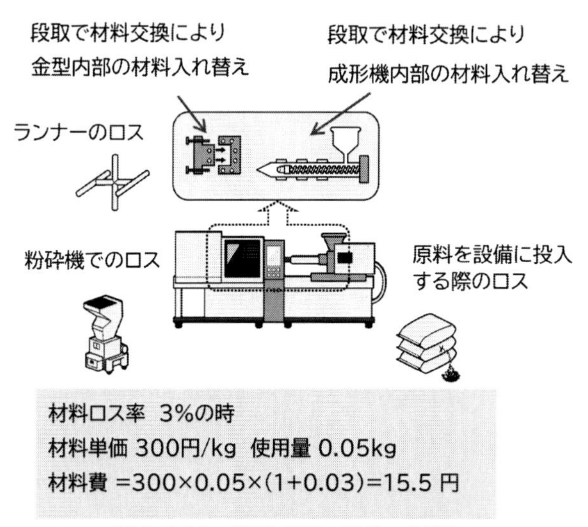

図 4-2-11　樹脂成型の場合の材料ロス

樹脂成形で材料費を計算する際は、一定の材料ロスを見込んで使用量を計算します。

図 4-2-11 の場合

材料単価：300 円 /kg

製品重量：0.05 kg

材料ロス率：3%

材料重量＝製品重量×（1 + 材料ロス率 ）

＝ 0.05 ×（1 ＋ 0.03）

＝ 0.0515 kg

材料費＝ 300 × 0.0515 ＝ 15.45 ≒ 15.5 円

材料ロス率はこれまでの慣例で 3% と決めていて、長い間実測していないことがあります。しかし**実際の材料ロスが 3% よりも多ければ材料費はもっと高くなっています。**

4）スクラップ費用の計算

切粉や端材をスクラップとして売却できる場合、スクラップの売却金額はマイナスの材料費です。ただし、スクラップ費用を材料費の計算に入れるかどうかはスクラップの金額次第です。

もし原価に占める材料費の比率が高く、しかもスクラップの価格も高ければ、スクラップ量によっても原価が変わります。

例えばプレス加工は、スクラップが多くスクラップの買取価格も高いため、材料費の計算にはスクラップ費用も入れます。

板金加工も同じように板材から材料を切り出します。1 枚の材料に多数の製品を配置するため、どの製品からどのくらいのスクラップ（端材 ）が出たのか、正確にわかりません。しかも同じ製品でも、1 枚に配置する製品の組合せが変わることもあります。

このような場合、平均的な材料歩留を調べて、それを元に材料費を計算します。

①　プレス加工の場合のスクラップ費用の計算例

スクラップ費用を考慮すると材料費はどう変わるのでしょうか。プレス加工の例で考えます。

プレス加工で出たスクラップは、鉄くずの中でも比較的高い価格で引き取られます。それでも軟鋼板で15円/kg前後（金額は相場によって変動します）、新品の価格（軟鋼板120円/kg）の1/8です。

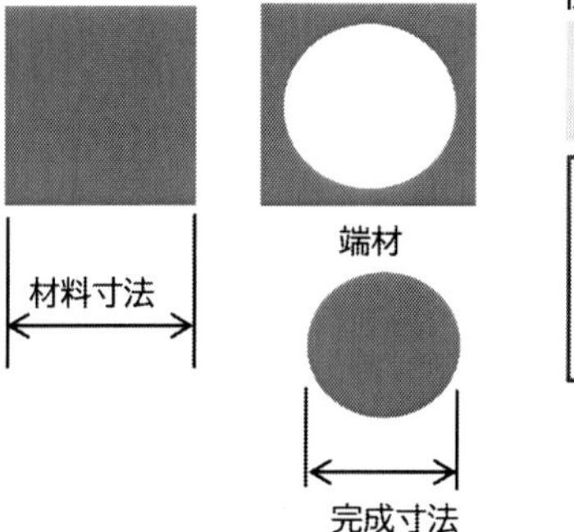

例

完成寸法　Φ100×1.6mm
材料寸法　□106×1.6mm

材料重量　0.140kg
製品重量　0.098kg
スクラップ　0.042kg
材料歩留　70%

板材のkg単価　120円/kgの時
材料費　16.8円（171.7円/kg）
スクラップのkg単価　15円/kg

図4-2-12　スクラップ費を考慮したプレス加工品の材料費

図4-2-12では、

材料費　　　　　：16.8円
材料歩留　　　　：70%
スクラップ　　　：0.042kg
スクラップ単価：15円/kg

スクラップ費用＝0.042 × 15
　　　　　　　＝0.63 ≒ 0.6円

スクラップを考慮した材料費＝16.8 − 0.6
　　　　　　　　　　　　　＝16.2円

スクラップ費用を考慮することで、材料費は0.6円下がりました。プレス加工の加工費は高くないため、この0.6円の違いは大きいです。

② 決算書のスクラップ費用には注意が必要

スクラップ費用はマイナスの材料費なので、本来は製造原価の材料費をマイナスします。しかしスクラップ費用を製造原価でなく、決算書の雑収入（営業外費用）にすることがあります。その場合も原価計算ではスクラップ費用はマイナスの材料費にします。

図 4-2-13 の場合、雑収入 2,000 万円がスクラップ収入でした。

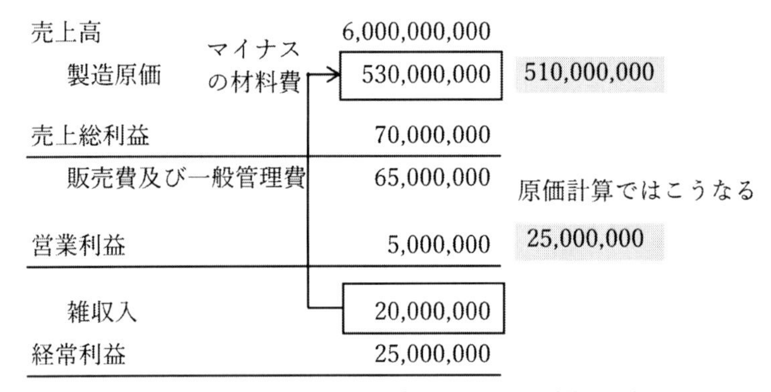

図 4-2-13　プレス加工会社のスクラップ費用の例

この会社の営業利益は 500 万円です。経常利益は 2,500 万円ですが、これは雑収入が 2,000 万円あるためでした。雑収入はスクラップの買取費用でした。スクラップ費用はマイナスの材料費なので、本当は製造原価は 5 億 1,000 万円、営業利益は 2,500 万円でした。

5）材料価格の変動と値上げ交渉

原価に占める材料費の比率が高い製品の場合、材料価格が変動すれば原価は大きく変わります。そこで原価の上昇分を値上げ交渉します。

悩ましいのは、材料費が頻繁に変動する時です。市場価格が頻繁に上がったり下がったりする材料もあります。顧客が毎月材料費を改訂してくれればいいのですがそうはいきません。**図 4-2-14** は材料費が徐々に上昇する例です。

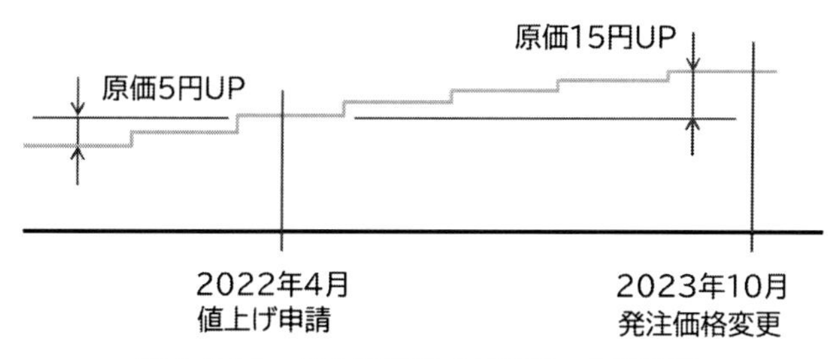

図 4-2-14　値上げが続く材料費の価格交渉

材料費の上昇が続くため、4月に顧客と値上げ交渉を行いました。交渉には時間がかかり、発注単価が変わったのは半年後の10月でした。その間も材料価格は上昇し続け、10月の価格は4月より15円高くなっていました。

値上げ交渉しないよりはましなのですが、結局元の利益になりませんでした（実際には発注価格が改訂されるまで、もっとかかった例もあります）。

それならば将来の材料費の上昇も見込んで値上げしたいところですが、これは難しいです。

6）材料価格の変動のまとめ

- 材料費は、鋼材、樹脂原料などの他、補助材料、消耗品などがある。主要材料以外の費用は間接製造費用とする。
- 材料費の計算方法には、先入先出法、移動平均法、最新の単価がある。違いは価格の変化が材料費に反映されるタイミングの違い、長期的には変わらない。
- 材料歩留、材料のロス率が変わると材料費は変わる。
  コストダウンには材料歩留、材料ロス率の改善が重要。
- スクラップが売れる場合、スクラップ費用はマイナスの材料費。
  スクラップ価格が変動すれば材料費も変わる。

材料費＝材料単価×使用量×（1＋材料ロス率）－（式 4-2）

$$材料歩留 = \frac{製品重量}{材料重量}$$ －（ 式 4-3）

材料費＝（材料単価×材料重量）－（スクラップ単価×スクラップ重量 ）
－（ 式 4-4）

7）利益まっくすの場合

① 材料単価は「材料情報入力」で複数登録可能

【材料情報入力画面】

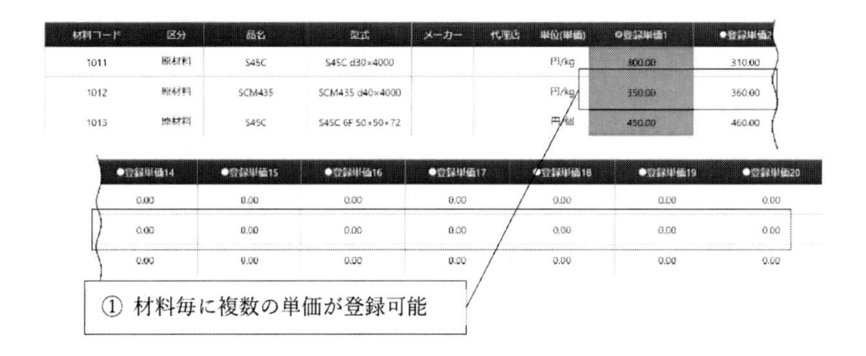

材料コード	区分	品名	型式	メーカー	代理店	単位(単価)	●登録単価1	●登録単価2
1011	原材料	S45C	S45C d30×4000			円/kg	300.00	310.00
1012	原材料	SCM435	SCM435 d40×4000			円/kg	350.00	360.00
1013	原材料	S45C	S45C 6F 50×50×72			円/個	450.00	460.00

●登録単価14	●登録単価15	●登録単価16	●登録単価17	●登録単価18	●登録単価19	●登録単価20
0.00	0.00	0.00	0.00	0.00	0.00	0.00
0.00	0.00	0.00	0.00	0.00	0.00	0.00
0.00	0.00	0.00	0.00	0.00	0.00	0.00

② 各製品の見積計算の時に個別に材料単価を選択することもできます。

【見積計算（材料入力）画面】

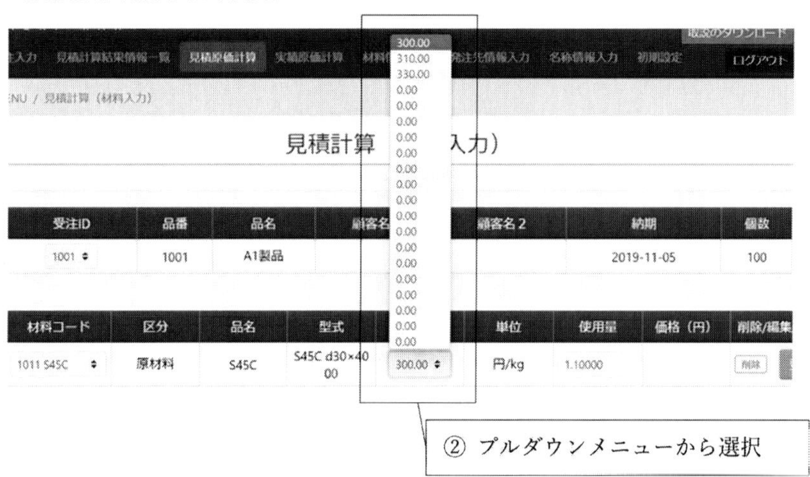

3節 不良による損失

不良品を廃棄したり修正すれば原価は上昇します。本来は「不良は放置せず、不良対策が終わるまで生産は止めるべき」ですが、現実には顧客の納期もあり、十分な対策ができないまま生産を続ける場合もあります。この不良は原価にどれくらい影響するのでしょうか？

不良による原価の上昇に関し以下の 6 点について述べます。

1）不良の原因
2）不良損失の考え方
3）大量生産での不良損失の金額
4）多品種少量生産の不良損失
5）余分につくるコスト
6）評価よりも対策

1）不良の原因

不良とは何でしょうか。

不良は「規格を外れた製品」のことです。

ではなぜ規格を外れるのでしょうか。代表的な原因を示します。

①　製品のばらつき

大量生産では、製品の品質（特性値）はばらつき（誤差）があります。誤差の分布は、一般的には**図 4-3-1** に示す釣り鐘型の分布（正規分布）になります。

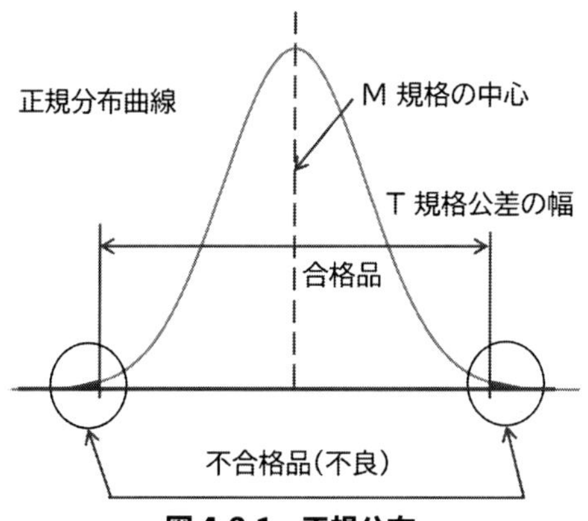

図 4-3-1　正規分布

分布のすそ野はなだらかに広がっていて、生産量が多ければ公差を外れた（すそ野の端）ものが増えます。大量生産では不良は避けられないのです。

ばらつきが大きくなる原因は

- 設備の能力不足
- 作業者のスキル不足のため、製造条件の調整が不十分
- 工程能力以上の品質の製品を製造
- 設計上の製品の品質が不足し、要求品質を安定して達成できない
- 設備の劣化や作業者のスキル不足で工程能力が低下

など様々です。

②　作業者のミス

設備に問題がなくても、作業者が操作をミスしてしまうこともあります。人は100%ミスなく作業するのは困難です。ミスが起きにくい、あるいはミスをしても不良が出ないやり方を工夫します。

③　あいまいな合否基準

合否基準があいまいだと、発注側、受注側の解釈の相違により、良品・不良品の判定結果が変わります。傷や汚れ、色合いなどは定量的な判定が難しく、五感による官能検査が行われます。官能検査は検査員の主観で良品・不良品の判定が変わります。しかも顧客（買う側）の立

場は強く、つくる側が良品だと思っても顧客から不良品とされてしまうこともあります。

では、この時の損失金額はどのように考えればよいのでしょうか。

これは不良品をどう処置するかで変わります。

2) 不良損失の考え方

不良品の処置には、

- 不良品をそのまま使う
- 修正して使用する
- 再作成する

3つがあります。

この修正や再作成にかかった費用が不良損失の金額です。**図 4-3-2** にこういった不良品の処置の種類を示します。

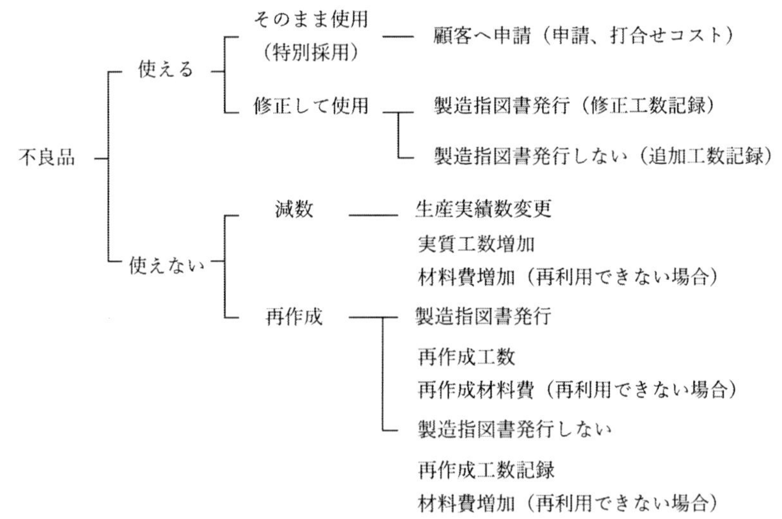

図 4-3-2　不良品の対処の種類

【不良品がそのまま使える場合】

機能に影響のない不良、軽微な不良のため、そのまま納入する場合です。あるいは納期が迫っているため、不良品が使えれば、そのまま納入する場合もあります。

その際、顧客は文書「特別採用申請書（特採）」の提出を求めます。この文書の作成や顧客との打合せにかかった時間（コスト）も損失金額です。

【不良品を修正して使える場合】

不良品を修正する際、新たに製造指図書を発行する会社と発行しない会社があります。前者の場合、新たに発行した製造指図書に修正にかかった工数を記録し、その工数から損失金額を計算します。

製造指図書を発行しない場合、修正工数を修正前の製造指図書か、日報に記録します。

【不良品が使えない場合】

不良品が使えない場合、

- 不良品の数の分、納入数を減らす
- 不良品の分、別途作成する

この２つがあります。

◆納入数を減らす場合、廃棄した分の原価が損失金額です。

◆再作成する場合、再作成費用が損失金額です。

不良品を廃棄する場合、材料が再利用できる場合と再利用できない場合があります。

樹脂成形は不良品を粉砕して再利用できます（ただし品質の厳しい製品は再利用できません）。その場合、損失金額は製造費用のみです。材料費は損失に含まれません。

3）大量生産での不良損失の金額

大量生産は不良はゼロではありません。大量生産では不良の損失を原価に組み込んでおきます。

①　樹脂成型B社

樹脂成形B社　B1製品は、**図4-3-3**に示すように不良率が0.5%でした。

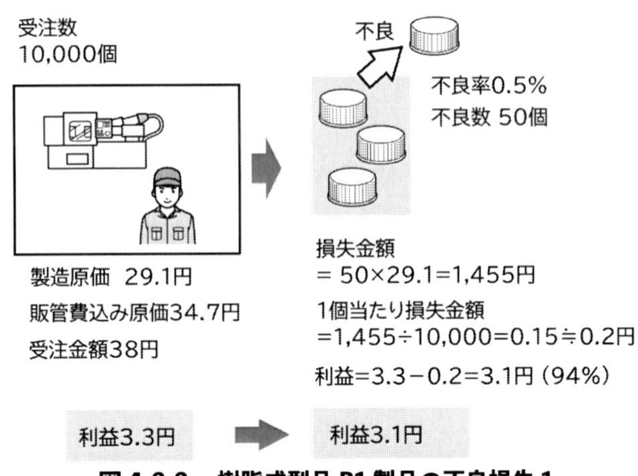

図 4-3-3　樹脂成型品 B1 製品の不良損失 1

不良品 50 個 (不良率 0.5%) はすべて廃棄し、損失分を補填するため 50 個多く生産しました。

製造原価：29.1 円

損失金額＝ 29.1 × 50 ＝ 1,455 円

$$1\text{個当たりの損失金額} = \frac{\text{損失金額}}{\text{ロット数}} = \frac{1,455}{10,000} = 0.15 \fallingdotseq 0.2\text{円}$$

不良発生前に 3.3 円あった利益は 0.2 円（6%）減少しました。もし常に 0.5% 不良が発生するならば、損失金額を最初から見積に入れておきます。

一方、1 個当たり 0.2 円の損失は現場も軽視しがちです。しかし、気づかない間に不良率が増加すれば、損失金額はもっと増えます。

不良率が 10 倍の 5% に上昇した場合を**図 4-3-4** に示します。

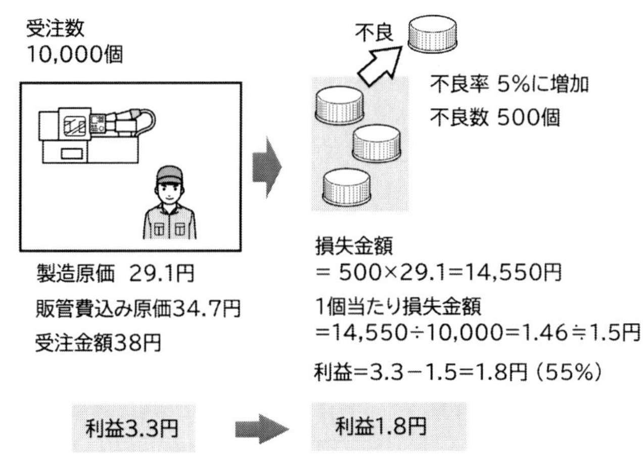

図 4-3-4　樹脂成型品 B1 製品の不良損失 2

不良数は 500 個、その分 500 個多く生産しました。

損失金額＝ 29.1 × 500 ＝ 14,550 円

$$1\text{個当たりの損失金額} = \frac{\text{損失金額}}{\text{ロット数}} = \frac{14,550}{10,000} = 1.45 \fallingdotseq 1.5\text{円}$$

3.3 円あった利益は 1.5 円（55%）減少し、半分以下になってしまいました。

しかし「不良率が 5% ！」と現場に注意を促しても、慢性的に不良が発生していれば、現場に危機感が生まれません。そこで不良率でなく、損失金額を現場に示します。**利益が大幅に減少している（場合によっては赤字になっている）ことを現場に伝えて、粘り強く対策を行います。**

一方、樹脂成形の場合、不良品を粉砕して再び成形できることがあります。樹脂成形品は原価に占める材料費が高いので、材料が再利用

できれば損失金額は小さくなります。**図 4-3-5** に材料が再利用できる場合の損失金額を示します。

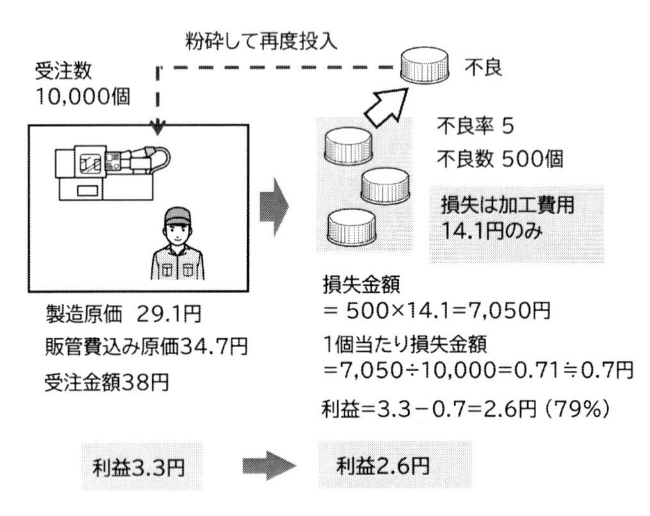

図 4-3-5　樹脂成型品 B1 製品の不良損失 3

不良数は 500 個、損失は加工費用のみです。1 個当たり損失金額は 14.1 円です。これは不良を廃棄した場合の 37% でした。

損失金額＝ 14.1 × 500 ＝ 7,050 円

$$1個当たりの損失金額 = \frac{損失金額}{ロット数} = \frac{7,050}{10,000} = 0.71 \fallingdotseq 0.7円$$

廃棄した場合の 1.5 円と比べ損失金額は 0.7 円に減少しました。それでも 1 個当たり 0.7 円の損失が発生しています。しかも 500 個余分に生産しなければならず、時間当たりの出来高が低下します。

しかし、**材料が再利用できるため、現場は不良に無関心**になっていることがあります。しかし不良は工場の出来高を減らし生産性を低下

させています。

4）多品種少量生産の不良損失

多品種少量生産は「不良は出ない前提」です。それでも作業者がミスをすれば不良が出ます。これは原価にどう影響するのでしょうか。

機械加工A社　A1製品の不良による損失を**図4-3-6**に示します。

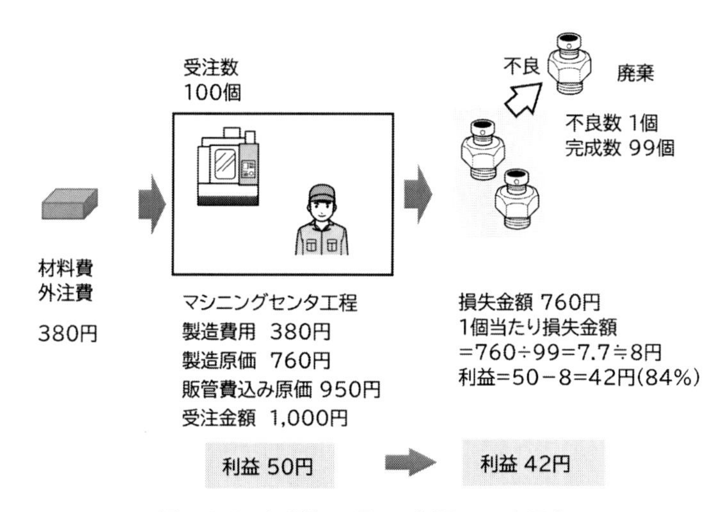

図4-3-6　切削加工品A1製品の不良損失1

A1製品を100個生産し1個不良が発生しました。不良品は廃棄し、納入数を99個に変更しました。損失金額は1個の製造原価760円でした。

$$1個当たりの損失金額 = \frac{損失金額}{ロット数} = \frac{760}{99} = 7.7 \fallingdotseq 8 円$$

従って、50円あった利益は、8円マイナスし42円（84%）になりました。

1個不良になれば利益は16%少なくなります。こういったミスが重なれば大きな損失になります。そこで損失金額を集計して作業者に損失を自覚してもらいます。そしてこういったミスが起きないように作業を改善します。

一方、不良品を修正して使用できれば現場は損失だと思いません。不良品を再度同一の工程で加工して修正した場合の、損失金額を**図4-3-7**に示します。

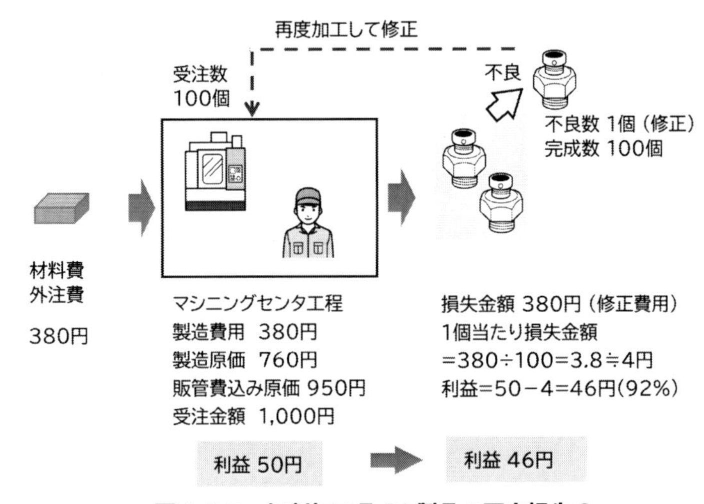

図4-3-7　切削加工品A1製品の不良損失2

損失は製造費用380円のみです。

$$1個当たりの損失金額 = \frac{損失金額}{ロット数}$$

$$= \frac{380}{100}$$

$$= 3.8 \fallingdotseq 4円$$

その結果、

廃棄した場合 : 50円の利益が42円（16%減少）

修正した場合 : 50円の利益が46円（8%減少）

問題は、修正して使えば「損失はない」と現場が思ってしまうことです。しかし修正費用も損失です。その分工場の稼ぎは減っています。これを放置すれば儲からない工場になってしまいます。**修正費用も損失と考え、不良の削減に努めます。**

修正を別工程で行う場合もあります。その場合の損失金額はどうなるのでしょうか、別工程で修正した場合を**図 4-3-8** に示します。

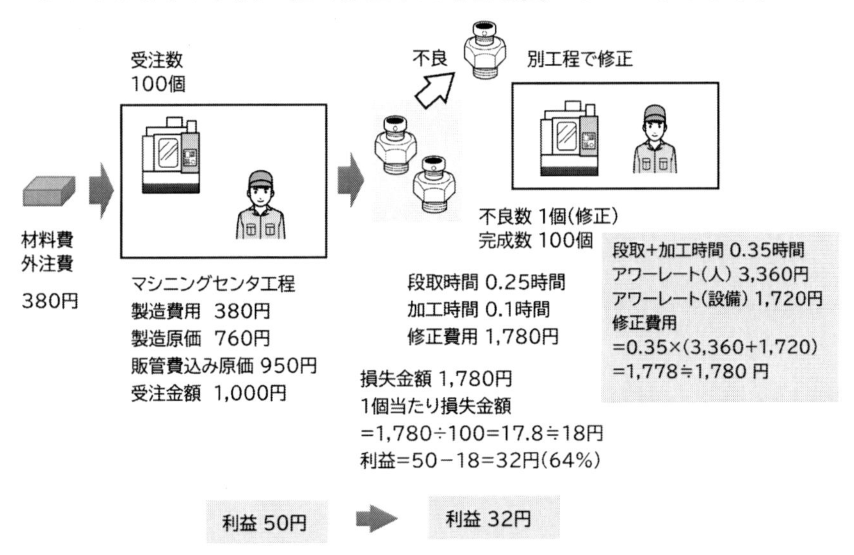

図 4-3-8　切削加工品 A1 製品の不良損失 3

別工程で修正した場合、

段取：0.25 時間（15 分）

加工：0.1 時間（6 分）

1 個だけ修正したので、段取費用はこの 1 個の費用です。その結果、修正費用は 1,780 円になりました。

$$1\text{個当たりの損失金額} = \frac{\text{損失金額}}{\text{ロット数}} = \frac{1{,}780}{100} = 17.8 \fallingdotseq 18\text{円}$$

1個当たりの利益は、50円から18円（36%）減少しました。

これは修正せずに廃棄した場合の損失8円よりも大きな金額です。つまり「**修正に多くの時間をかけるなら廃棄した方がまし**」です。ところが現場は「もったいない」と時間をかけて修正します。そうならないように修正費用と廃棄費用を現場に示して、現場が適切に判断します。

5）余分につくるコスト

不良のため1個欠品すれば、改めて1個だけつくることになり、原価はとても高くなります。

そこで不良が予想される場合、不良を見込んで余分につくることがあります。余分につくっても次回注文があれば出荷できます。そのため損失にはなりません。ただし、注意していないと毎回余分につくってしまって、気がついたら在庫の山になってしまいます（実際、そういう現場を見たことがあります）。一方で「**不良になっても在庫がある**」と**現場の緊張感が希薄**になるので注意します。

6）評価よりも対策

不良の損失を減らすためには「その期やその月の損失金額がいくらか」よりも、不良が発生した時点で「**正確な状況の把握とスピーディーな対策**」が重要です。その上で製品毎、ロット毎の不良率や損失金額を監視します。不良率が悪化するようであれば直ちに手を打ちます。

不良の原因には様々なものがあります。発生するタイミングも様々です。その都度原因を突き止めて対策しなければなりません。また不良には自社だけでなく、顧客に協力してもらわないと解決できないものもあります。

（1）製造プロセスが不安定

寸法など特性値が安定しない。ばらつきが大きい。温度などの環境の変化、作業者の違いなどで特性値の変化が大きい。

(2) 製品の設計品質が不安定
　そもそも図面の公差が工程に対し厳しい。形状、材質に問題があり必要な形状や精度を実現するのが容易でない。
(3) 製造工程、検査工程のミス
　作業者の作業ミスや機械の設定ミス、検査の見逃しなどヒューマンエラー
(4) 顧客と品質の考え方に相違がある
　傷や色むら、バリ、製品の振動や異音など官能検査の部分で顧客と合否判断が違う

このような問題（不良）は、製造の担当者だけでは解決できません。特に(4)などは上司や顧客も巻き込んで取り組む必要があります。

7) 不良による損失のまとめ

(1) 代表的な不良の原因は、ばらつき、作業ミス、あいまいな合否基準
(2) 不良品を「再作成」、「修正して使用」いずれも損失は発生する。
(3) 大賞生産では不良は避けられない。不良の損失を原価に入れる
(4) 多品種少量生産は不良がない前提、不良の影響は大きい
(5) 多品種少量生産では不良の分を追加で生産すればコストが高くなるため、それを見越して余分に生産することもある

8）利益まっくすの場合

① 完成品の廃棄ロスは「見積計算画面」で不良率を設定すれば見積金額に反映されます

【見積計算（見積結果確認）画面】

受注ID	品番	品名	納期	個数
1001	1001	A1製品	2019-11-05	100

【材料費】

材料コード	品名	型式	単価	数量	材料費
1011	S45C	S45C d30×4000	300.00	1.10000	330.00

【加工費】内製

現場	段取時間(人)（時）	加工時間(人)（時）	段取時間(設備)（時）	加工時間(設備)（時）	製造費用
101 マシ...ングセンタ1(小型)	0.500000	0.070000	0.500000	0.070000	381.46

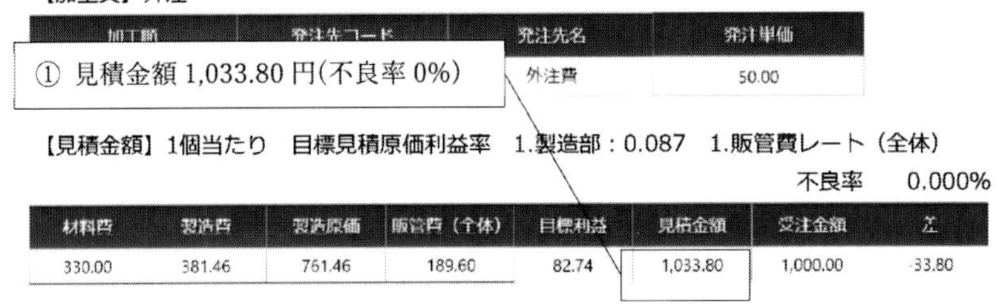

【加工費】外注

加工順	発注先コード	発注先名	発注単価
		外注費	50.00

【見積金額】1個当たり　目標見積原価利益率　1.製造部：0.087　1.販管費レート（全体）

不良率　0.000%

材料費	製造費	製造原価	販管費（全体）	目標利益	見積金額	受注金額	差
330.00	381.46	761.46	189.60	82.74	1,033.80	1,000.00	-33.80

②　不良率が1%になると、見積金額が7.61円増加

【見積計算（見積結果確認）画面】

受注ID	品番	品名	納期	個数
1001	1001	A1製品	2019-11-05	100

【材料費】

材料コード	品名	型式	単価	数量	材料費
1011	S45C	S45C d30×4000	300.00	1.10000	330.00

【加工費】内製

現場	段取時間(人)（時）	加工時間(人)（時）	段取時間(設備)（時）	加工時間(設備)（時）	製造費用
101 マシニングセンタ1(小型)	0.500000	0.070000	0.500000	0.070000	381.46

【加工費】外注

加工順	発注先コード	発注先名	発注単価
2	1	外注費	50.00

【見積金額】1個当たり　目標見積原価利益率　1.製造部：0.087　1.販管費レート（全体）

不良率　1%

材料費	製造費	製造原価	販管費（全体）	目標利益	見積金額	受注金額	差
330.00	381.46	761.46	189.60	82.74	1,041.41	1,000.00	-41.41

②見積金額1,041.41円(不良率1%)　7.61円増加

4節 経費の増加による原価の上昇

近年、様々な費用が上昇しています。例えば

- 原材料価格
- 電気、ガスなどエネルギー費用
- 原材料以外の材料、例えば、オイルやグリス、ボルト・ナット、梱包用の包材や段ボール
- 設備の運転や保全に必要なオイルやクーラント、ウェスなどの消耗品
- 刃物などの消耗工具
- 運賃など輸送費
- 人件費

では、これにより原価はどれだけ上がっているのでしょうか。この節では

1）光熱費の上昇と原価
2）消耗品など工場経費の上昇
3）設備の電気代の概算
4）運賃の上昇
5）値上げ交渉

について述べます。

1）光熱費の上昇と原価

電気、ガス、水道などの光熱費は、製造原価報告書に記載されています。この製造経費は、間接製造費用として各現場に分配し、アワーレートに組み込まれます。

電気代が上昇すれば、間接製造費用が増えてアワーレートは上昇します。ランニングコストに電気代が入っていれば、設備の費用も増え

ます。

機械加工 A 社　マシニングセンタ 1（小型）の現場のアワーレートは、

アワーレート間 (設備)：1,720 円 / 時間

アワーレート間 (設備)：3,360 円 / 時間

でした。

このアワーレート間 (設備) 1,720 円 / 時間の内訳 (設備 1 台) を**図 4-4-1** に示します。

直接製造費用：アワーレート用償却費 140 万円 電気代 18.4 万円

間接製造費用：間接製造費用分配 145 万円

アワーレートは、直接製造費用と間接製造費用の合計を、設備の稼働時間で割って計算します。この間接製造費用の分配 145 万円には、工場の共用部分の電気代が含まれています。

図 4-4-1　マシニングセンタ 1（小型）の現場　アワーレート間 (設備)

同様にアワーレート間 (人) 3,360 円 / 時間の内訳を**図 4-4-2** に示します。

直接製造費用：現場全体の年間労務費の平均 447 万円

間接製造費用：間接費分配 145 万円

設備と同様に、直接製造費用と間接製造費用の合計を、作業者の稼働時間で割って計算します。この間接製造費用分配 145 万円の中にも、工場の共用部分の電気代が含まれています。

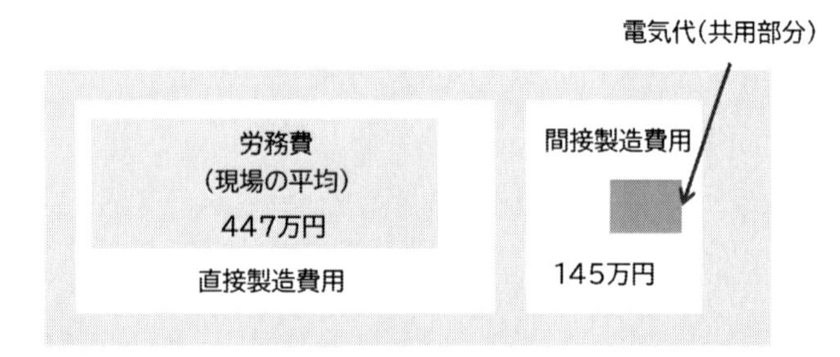

図 4-4-2　マシニングセンタの現場　アワーレート間（人）

電気代が 30% 上がった場合、**設備の電気代**と間接製造費用分配に含まれる**共用部分の電気代**が上昇します。これを**図 4-4-3、4-4-4** に示します。

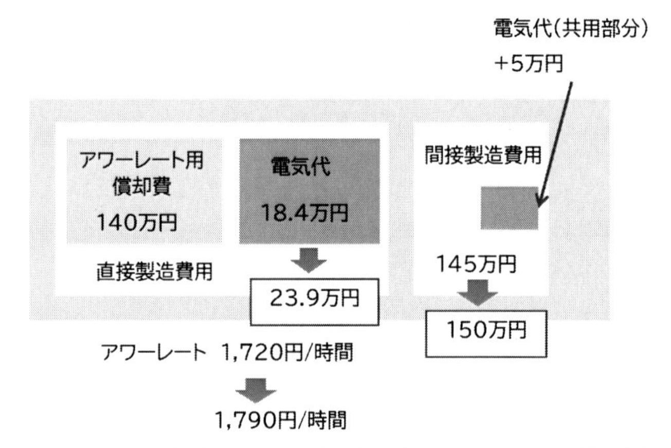

図 4-4-3　電気代 30% 上昇した場合のアワーレート間（設備）

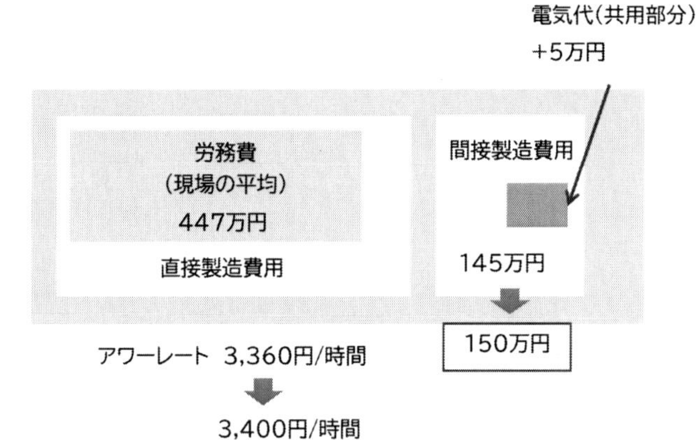

図 4-4-4　電気代 30% 上昇した場合のアワーレート間（人）

【アワーレート間（設備）】

電気代が 30% 上昇した結果、

直接製造費用　　　　　：アワーレート用償却費 140 万円
　　　　　　　　　　　　電気代 18.4 → 23.9 万円
間接製造費用　　　　　：間接製造費用分配 145 → 150 万円
アワーレート間（設備）：1,720 → 1,790 円 / 時間　（+ 70 円）

アワーレートは 70 円 / 時間上昇しました。

【アワーレート間（人）】

間接製造費用　　　　：年間労務費の平均 447 万円 / 人
間接製造費用　　　　：間接製造費用分配 145 → 150 万円
アワーレート間（人）：3,360 → 3,400 円 / 時間　(+40 円)

アワーレートは 40 円 / 時間上昇しました。

アワーレート間（人）とアワーレート間（設備）の合計は
5,080 → 5,190 円 / 時間　(+110 円)
130 円 / 時間増加しました。これによる、A1 製品の原価の上昇を **図 4-4-5** に示します。

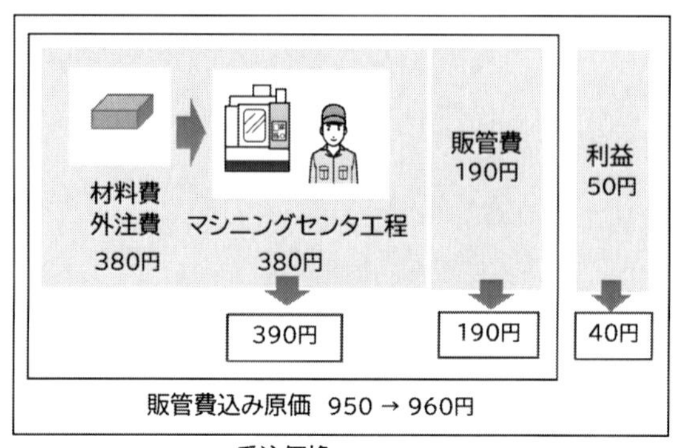

図 4-4-5　A1 製品の原価、利益の変化

電気代が 30% 上昇した結果、

　製造費用　　　　：10 円増加

　販管費込み原価：10 円増加

その結果、50 円の利益が 40 円に減少しました。以前と同じ利益にするには 10 円の値上げが必要です。

そこで値上を顧客にお願いすると「10 円ぐらい企業努力で何とかしてくれませんか」と言われるかもしれません。しかし、電気代が 30% 上昇すれば、A 社は年間 390 万円も費用が増加しています。この 10 円を値上げしなければ、**年間で 390 万円もの利益を失う**ことになるのです。

2）消耗品など工場経費の上昇

本書のアワーレートの計算は、決算書の費用をベースに行います。従って製造経費の内訳から、アワーレートに占める電気代、消耗品費、修理費の比率が計算できます。この比率から、消耗品費、修理費などが増えた場合、原価がいくら増えたのか計算できます。

図 4-4-6、4-4-7 は、A 社　マシニングセンタ 1（小型）の現場のアワーレートに占める各費用の割合を示したものです。

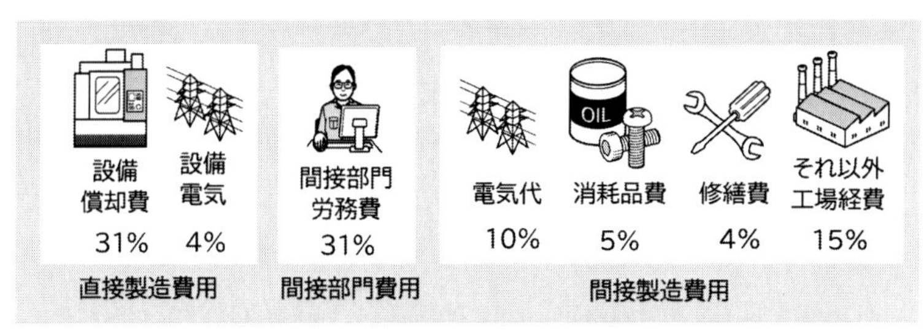

図 4-4-6　マシニングセンタ 1（小型）の現場の設備の費用の割合

アワーレート間（設備）に占める直接製造費用は 35%、間接部門費用は 31%、間接製造費用は 34% でした。

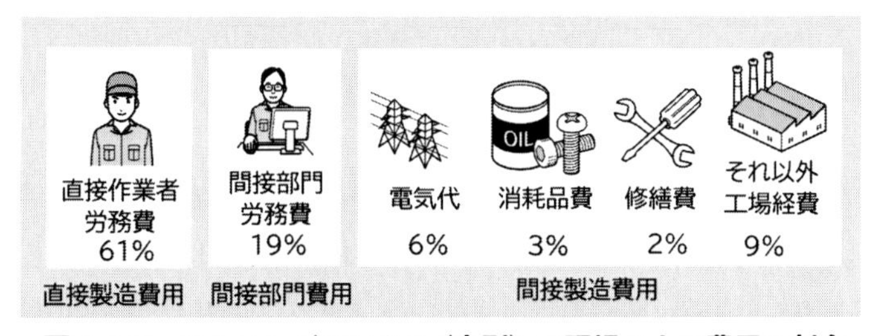

図 4-4-7　マシニングセンタ 1（小型）の現場の人の費用の割合

図 4-4-6、4-4-7 から、A 社は間接部門の労務費の比率が高く、間接製造費用の比率も高いことがわかります。では A1 製品の原価の構成はどうなっているのでしょうか。

この比率を使って A1 製品の原価の構成を**図 4-4-8** に示します。

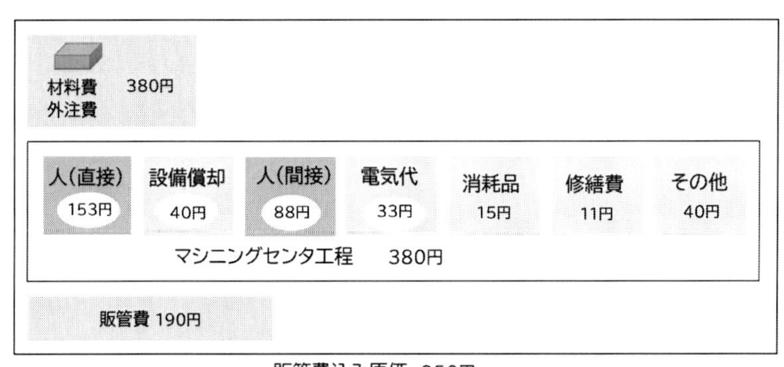

図 4-4-8　A1 製品の原価に占める各費用の割合

製造費用380円のうち、人の費用が241円（153 + 88)、設備の費用が40円、電気代が33円でした。

これを元に各費用が増加した時、原価がいくら上昇するのか計算できます。例えば、

◆電気代が30％上昇

33 × 0.3=9.9 ≒ 10円　　10円増加

◆消耗品費が20％増加

15 × 0.2=3円　　3円増加

◆修繕費が10％増加

11 × 0.1=1.1 ≒ 1円　　1円増加

◆人件費が平均3％上昇

（153+88）× 0.03=7.2 ≒ 7円　7円増加

電気代が30％、消耗品費が20％、修繕費が10％、人件費が3％、上昇した場合、10 + 3 + 1 + 7 = 21円の値上げが必要です。

3）設備の電気代の概算

設備のランニングコストの中で電気代が高い割合を占め、しかも設備毎に電気代が大きく異なる場合は、アワーレートの計算に電気代を入れます。しかし、それぞれの設備の電気代は、正確にはわからないことが多いです。

できれば、数日間設備に電力計をつけて、実際の消費電力を測定するのが望ましいです。それができない場合、設備の定格電力から概算する方法があります。

図4-4-9に定格からマシニングセンタの定格、負荷率など示します。

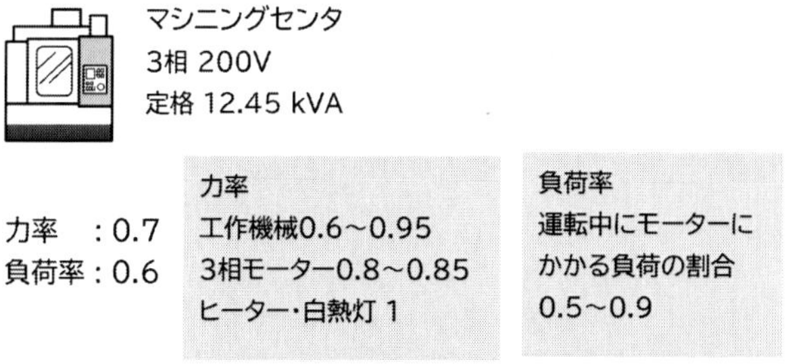

図4-4-9　マシニングセンタの定格、力率、負荷率

消費電力P（kW）

P＝定格×力率×負荷率

定格　：12.45 kVA
力率　：0.7
負荷率：0.6

P ＝ 12.45 × 0.7 × 0.6 ＝ 5.23 kW

マシニングセンタの平均消費電力は5.23 k Wでした。平均消費電力がわかれば、設備の年間稼働時間と、kWh当たりの電気代から設備の電気代が計算できます。

マシニングセンタ1（小型）
年間操業時間：2,200時間
稼働率　　　：0.8

稼働時間＝操業時間×稼働率＝ 2,200 × 0.8 ＝ 1,760時間

年間消費電力（kWh）＝消費電力×稼働時間＝ 5.23 × 1,760 ＝ 9,200 kWh

1kWh当たりの電気代を20円/kWhとすると

年間電気代＝ 1kWh当たり電気代×年間消費電力
　　　　　＝ 20 × 9,200 ＝ 184,000円

これは概算なので、計算した電気代の合計と製造経費の電気代を比較します。設備の電気代の合計が製造経費より大きい場合は、設備の電気代を全体に小さく修正します。

電気代以外にもガス代、水道代が高い設備もあります。その場合も同様に計算します。

4）運賃の上昇

運賃には２種類あります。

（1）製品を顧客に運ぶ費用　（販管費に計上）

（2）材料の運搬や工場間の移動の運賃　（製造原価に計上）

（2）は内部費用で、間接製造費用です。対して（1）は顧客の納品場所、納品方法により変わります。特に大きな製品や単価の低い製品は、原価に占める運賃の割合は高くなります。

燃料費や人件費の上昇により、運賃も年々上昇しています。これを価格に転嫁しなければ赤字になってしまいます。そこで製品１個の運賃を以下のようにして計算します。

①　製品１個の運賃

トラック１台の費用と１台に積める量から計算します。A社　A1製品の場合を**図4-4-10**に示します。

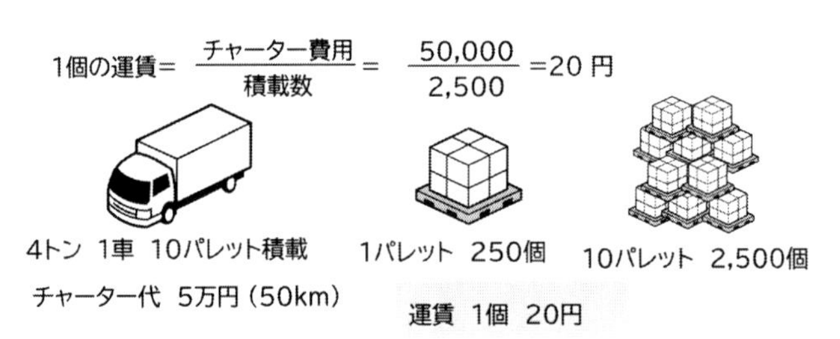

図4-4-10　A1製品の運賃計算

トラックのチャーター代：5万円

1車の積載量　　　　　：2,500個

$$1個の運賃 = \frac{チャーター代}{積載量} = \frac{50{,}000}{2{,}500} = 20円$$

1個の運賃は20円でした。

トラックのチャーター費用が1.5倍に上昇すると、

運賃＝20 × 1.5 ＝ 30円

見積を10円上げる必要があります。

A社の年間の輸送費が2,000万円であれば、50%の運賃の上昇は1,000万円の増加です。10円値上げしなければ利益が1,000万円減少します。

しかし運賃を見積の販管費に入れてしまうと、値上げ交渉が難しくなります。そこで運賃は販管費と別にします。その場合、その分販管費を低くします。

例　A社

販管費　　　　　　　　　：7,700万円
部品の輸送費の年間合計：2,000万円
運賃を除外した販管費　：5,700万円

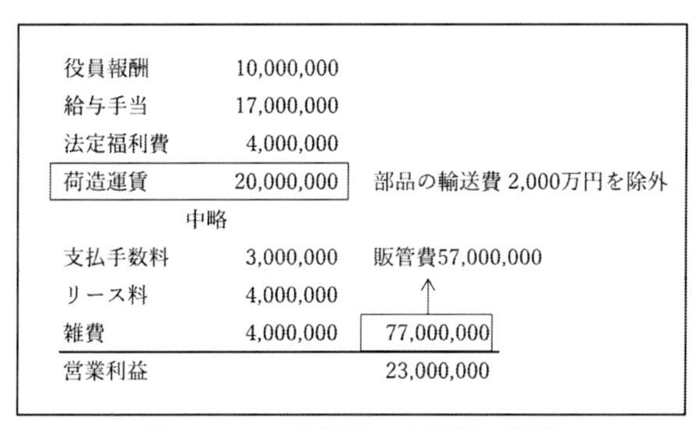

役員報酬	10,000,000	
給与手当	17,000,000	
法定福利費	4,000,000	
荷造運賃	20,000,000	部品の輸送費2,000万円を除外
中略		
支払手数料	3,000,000	販管費57,000,000
リース料	4,000,000	↑
雑費	4,000,000	77,000,000
営業利益		23,000,000

図4-4-11　販管費から運賃の場外

図 4-4-11 では、運賃 2,000 万円を販管費から除外し、販管費は 5,700 万円、販管費レートは 25%→18%になりました。

② 輸送条件が異なる場合

運賃の計算で困るのは、同じ製品でも輸送条件が異なる場合です。

例えば

条件 1　混載便とチャーター便

条件 2　顧客までの距離（H 工場 20km、K 工場 200km）

毎回異なった運賃を顧客に請求するが難しい場合、それぞれの比率から平均運賃を計算します。まず過去の実績から比率を調べます。

【納品場所】

H 工場まで 20km　60%

K 工場まで 200km　40%

【チャーター、混載比率】

チャーター便　80%

混載便　　　　20%

この比率から全体の比率を計算したものを**表 4-4-1** に示します。

表 4-4-1　工場と輸送方法の組合せ

		輸送方法	比率	全体比率
H 工場	60%	チャーター便	80%	48%
		混載便	20%	12%
K 工場	40%	チャーター便	80%	32%
		混載便	20%	8%
			合計	100%

チャーター便の H 工場と K 工場の運賃を**図 4-4-12** に示します。

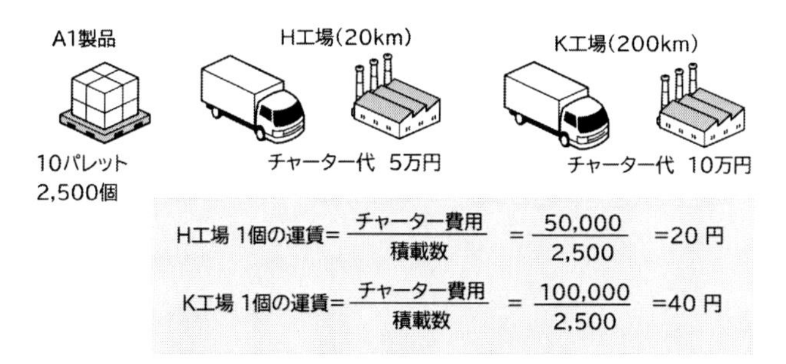

図 4-4-12　チャーター便での H 工場と K 工場の運賃

混載便での A 工場と B 工場の運賃を**図 4-4-13** に示します。

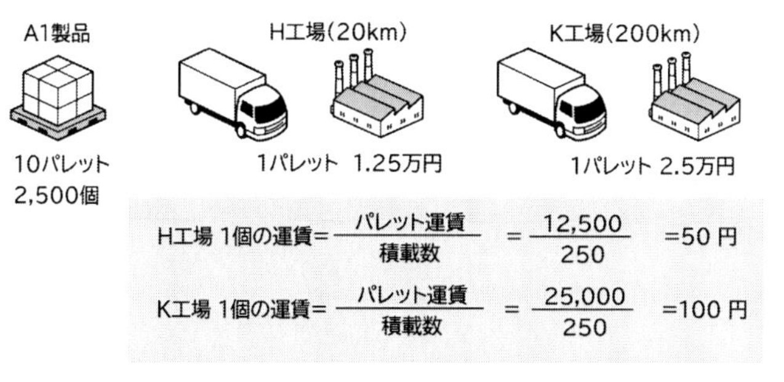

図 4-4-13　混載便での H 工場と K 工場の運賃

集計結果を**表 4-4-2** に示します。

表 4-4-2　工場と輸送方法の組合せ

			運賃	全体比率	運賃×比率
H 工場	チャーター便	48%	20	48%	9.6
	混載便	12%	50	12%	6
K 工場	チャーター便	32%	40	32%	12.8
	混載便	8%	100	8%	8
				合計（平均運賃）	36.4

平均運賃は 36.4 円、これを見積に入れます。

5) 値上げ交渉

電気代、消耗品費、運賃など外部に支払う費用が増えれば、その分利益は減少します。値上げをしなければ赤字になるかもしれません。

値上げ交渉で相手を説得する方法として、実際に上昇した金額の明細を示して「これだけ外部に支払う費用が増えているので、この分だけは値上げさせてほしい」とお願いする方法があります。

この時、値上げ金額の明細が必要になります。前述の 1)、2) の方法で、製造費用に占める電気代、労務費、消耗品費の金額を計算し、それを値上げ交渉で示すのも 1 つの方法です。

図 4-4-14 に値上げ金額の詳細を記載した例を示します。

作成日	受注番号	品番	品名	個数	発注先	納入場所
10月13日	101	A1	部品1	100	a社	b工場

材料費

管理番号	品名	型式		単価	数量	金額
1001	材料	zairyou	旧	330.0	1	330.0
			新	363.0 (10%)	1	363.0 (10%)

材料費上昇10%

加工費用

番号	工程名		段取	加工	段取	加工	製造費用
1	マシニング	旧	5,080	5,080	0.5	0.07	380.0
		新	5,330	5,330	0.5	0.07	399.7 (5%)

製造費用増加5%

外注費

番号	工程名	外注費
2	焼入れ	50.0

製造費用増加の内訳
労務費3%、電気代30%、
消耗品10%、修繕費10%

製造費用の内訳

	労務費	電気代	消耗品費	修繕費	その他
旧	241.0	33.0	15.0	11.0	80.0
新	248.2	42.9	16.5	12.1	80.0
	3%	30%	10%	10%	0%

販管費比率	利益率	不良率
25.0%	8.7%	0.0%

運賃上昇50%

	製造原価	販管費	総原価	利益	不良損失	運賃	見積金額
旧	760.0	190.0	950.0	80.0	0.0	40.0	1070.0
新	812.7	190.0	1002.7	80.0	0.0	60.0	1142.7
							+72.7

販管費、利益は据置

図 4-4-14　値上げ金額の詳細

販管費や目標利益は製造原価に比例して計算するため、製造原価が増えれば販管費や目標利益も増えます。もし値上げ交渉で販管費や目標利益まで上げるのが難しければ、値上げは原価の上昇分だけとし、販管費、利益は据え置きします。

図 4-4-14 の例では、72.7 円値上げできれば、増えた材料費、労務費、電気代、消耗品費、運賃をカバーし以前と同じ利益になります。

実際はこのような見積が出せないことがあります。それは**必要な販管費や目標利益を顧客が認めない**ためです。その場合は、見積の合計金額は変えず、顧客が認める販管費、利益にします。その分製造原価を増やします。

6）経費増加による原価の上昇のまとめ

(1) 電気代が上昇した場合、設備の電気代（ランニングコストに電気代を入れている場合）と全体の電気代を増加させる。
(2) 電気代が 30% 増えても製品の原価は 10 円（計算例）しか増えないが、この 10 円値上げしないと、年間 390 万円の利益を失う。
(3) 消耗品、人件費の上昇による原価の増加も計算できる。
(4) 設備の電気代がわからない場合、定格から概算する。
(5) 納品先の距離が様々で、しかも混載便とチャーターがある場合、比率を調べて平均運賃を計算する。
(6) 値上交渉は、費目別に値上金額を計算すれば顧客の理解が得られやすい。

7）利益まっくすの場合

① 電気代が30％上昇した場合、製造経費（その他費用）の電気代を30％増加させます。

【その他費用入力画面】

費目	金額
電気代	16,900,000
水道費	1,000,000
修繕費	3,000,000
賃借料	1,000,000
保険料	1,000,000
消耗品費	4,000,000
租税公課	2,000,000
保守料	2,000,000
雑費	3,000,000

①1,300万円の30％増加

② 次に「設備情報入力」で個々の設備の電気代を30％増加させます。

【設備情報入力画面】

設備コード	設備名称	型式	減価償却費	アワーレート用減価償却費	その他電気代等	年間操業時間（時）
10101	M/C1_4年目	M/C1	2,150,400	1,400,000	239,200	2,200
10102	M/C2_8年目	M/C2	1,376,256	1,400,000	239,200	2,200
10103	M/C3_11年目	M/C3	0	1,400,000	239,200	2,200
10104	M/C4_12年目	M/C4	0	1,400,000	239,200	2,200

②18.4万円の30％増加

③　アワーレート（人）67 円 / 時間、
　　アワーレート（設備）98 円 / 時間　増加しました。

【アワーレート入力画面】

現場	アワーレート			
	(人)段取（時）	(人)加工（時）	(設備)段取（時）	(設備)加工（時）
101 マシニングセンタ1(小型)	3,429.0	3,429.0	1,821.7	1,821.7
102 マシニングセンタ2(大型)	3,496.8	3,496.8	2,921.8	2,921.8
103 NC旋盤	3,202.6	3,202.6	1,527.6	1,527.6
[illegible]	[illegible]	[illegible]0.0	556.1	910.2
[illegible]	[illegible]	[illegible]380.7	0.0	0.0
106 組立	1,939.3	1,939.3	0.0	0.0
107 管理	0.0	0.0	0.0	0.0
108 設計	3,270.2	3,270.2	0.0	0.0
109 生産管理	0.0	0.0	0.0	0.0
110 資材発注	0.0	0.0	0.0	0.0
111 品質管理	0.0	0.0	0.0	0.0

③人も設備もアワーレートが上昇

④　製造費用も増加しました。

【見積計算（見積結果確認）画面】

【加工費】内製

現場	段取時間(人)（時）	加工時間(人)（時）	段取時間(設備)（時）	加工時間(設備)（時）	製造費用
101 マシニングセンタ1(小型)	0.500000	0.070000	0.500000	0.070000	393.80

【加工費】外注

加工順			単価
2	1	外注費	50.00

【見積金額】1個当たり　目標見積原価利益率　1.製造部：0.087　1.販管費レート（全体）

材料費	製造費	製造原価	販管費（全体）	目標利益	見積金額	受注金額	差
330.00	393.81	773.81	192.68	84.08	1,050.57	1,000.00	-50.57

5節 設計の失敗

自社で設計・製造する場合、設計ミス（失敗）のためやり直しをすることがあります。この失敗の原価について、以下の4点を述べます。

1）設計費用の考え方

2）失敗コスト

3）見積精度を高める取り組み

4）失敗を開発費と考える

1）設計費用の考え方

例えば、生産設備や搬送設備を設計・製作する受注生産の企業は、顧客の要望に基づいて毎回新たに設備（製品）を設計・製造します。初めて設計する製品では、設計ミスや想定外の問題が起きます。設計のやり直しや部品の再作成が発生し、原価は予定より増えます。

そして、見積の時点では利益があったのに、結果的に赤字になってしまいます。これはどうしたらよいでしょうか？

設計ミスや予期せぬ問題がどれくらい起きるかは、製品の技術的な難易度や複雑さに関係します。そこで、案件毎に材料費、設計費、製造費用の見積金額と実績金額を記録し、どの案件でどのくらいの差異が生じたのか調べます。

例えば、設備メーカーのD社　D1製品の見積は**図4-5-1**のようなものでした。

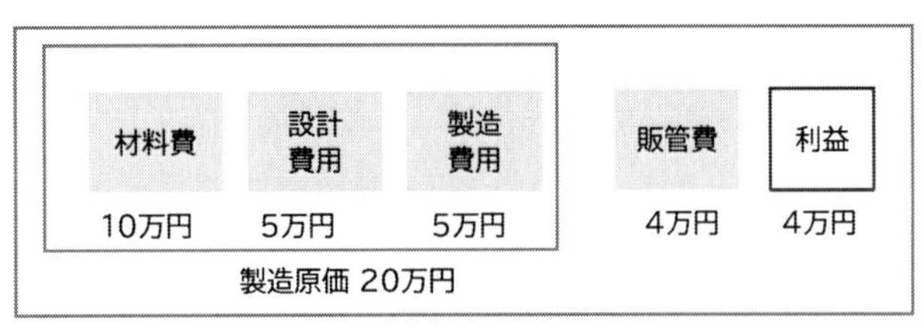

図4-5-1　設計のあるD1製品の見積

実際は、材料費、設計費用、製造費用が見積よりも増えて 0.8 万円の赤字でした。こうしたことが毎回起こるのであれば、その分見積を高くします。(**図 4-5-2**)

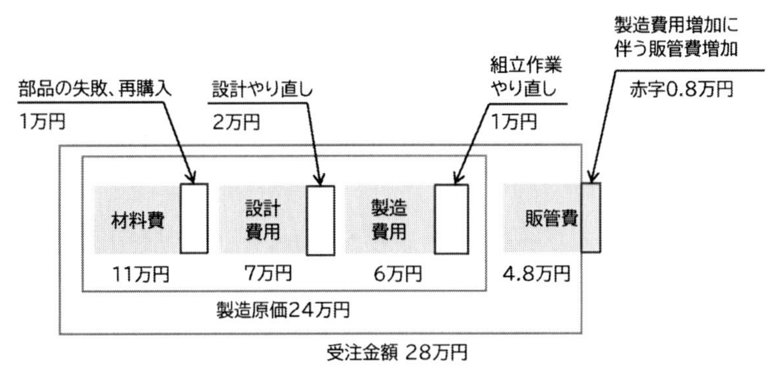

図 4-5-2　D1 製品の実績原価

2) 失敗費用

初めて設計する製品はどうしても設計ミス (失敗) が起きます。そこで失敗をある程度予測して見積を高くします。そうしないと失敗で赤字になってしまいます。ただし、あまり高くすると価格競争力をなくして失注します。そこで､過去の失敗とオーバーした金額を調べて、適切な金額を上乗せします。

図 4-5-3 では、見積に対し

製品 D1：130%

製品 D2：100%

製品 D3：140%

製品 D4：110%

平均で 120% でした。

利益を確保するためには、現状の見積に対してプラス 20% にします。

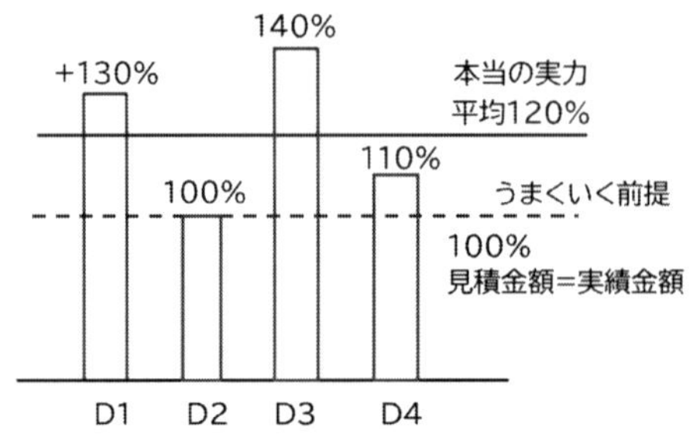

図 4-5-3　見積に対する実績のばらつき

こう書くと「設計ミスがあることがおかしい！　設計が頑張ってミスをなくすべきだ！」と言われてしまいます。設計ミスややり直しを減らす努力は当然必要です。しかし**新規設計する以上、ミスややり直しが発生するのは事実**です。それを認めてそれでも利益が出る金額にしないと利益が出ません。〈注2〉これはミスを起こす設計者からは言いにくいため管理者が決めます。

〈注2〉筆者がかつて設備メーカーに高額な専用設備を発注した時の経験です。仕様打合せ、相見積の末、ある設備メーカーに発注しました。しかし、発注側は一切仕様を変えていないのに、問題が多発し納期も大幅に遅れました。おそらく設備メーカーは赤字だったと思います。これはすべて設備メーカーの問題でした。こういった特殊な製品は、起こりうる問題の予測も含めて、見積能力がとても重要だと感じました。

3）見積精度を高める取り組み

設計がある製品は見積の精度が重要です。いくら見積価格で受注できても、失敗が多ければ赤字になってしまいます。特に設計やプログラミングなどクリエイティブな仕事は工数の見積が難しく、また設計者やプログラマは､楽観的に考え工数を少なく見積る傾向があります。（多くの設計者やプログラマが納期を守れないことも、楽観的に考えることの現れです。）

つまり

・見積精度を高めるために、過去の設計や製造費用の実績を集計し、見積との乖離を調査
・実績を元に設計や製造費用の見積の仕方を改善する（フィードバックする）仕組みをつくる
・過去の見積と実績の乖離から、見積に下駄をはかせる量を決める

等が必要です。

それでも顧客の要求が非常に高く、未経験の技術要素があれば失敗は起きます。これはどう考えればいいのでしょうか。

4）失敗を開発費と考える

他社と差別化し技術力を高めるには

・自ら開発テーマを定めて研究開発する
・顧客から難易度の高い案件を受注する

2つの方法があります。

マンパワーに限りがある中小企業は、専任の開発チームをつくる余裕がありません。また開発チームをつくっても生産が優先されて開発が進まないこともあります。

その場合、現在より少し技術レベルの高い案件を受注します。そこで起きる失敗や問題を解決すれば自社の技術力を高めることができます。受注すれば納期までに必ず完成しなければならず、メンバーは必死になって取り組みます。

この時、やり直しのために見積をオーバーした金額は「開発費」の要素があります。顧客からお金をもらって研究開発をしたと考えれば、この赤字は技術を手に入れるための費用です。

しかし、経営者から案件ごとの赤字を厳しく責められると、現場はリスクの少ない無難な案件しか受注しなくなります。技術は向上せず、気がついたら他社もできる無難な案件しか受注できなくなってしまいます。

ただし難易度が高いといっても、

• 技術的なレベルアップが必要なもの
• 顧客が現実を無視した実現困難なことを要求している

この見極めは重要です。前者はレベルアップになりますが、後者は実現困難なことを努力させられるだけで、レベルアップにならないからです。

5）設計の失敗のまとめ

(1) 新規設計のある製品は、想定外のトラブルや設計の失敗により実績原価が見積をオーバーする。
(2) 製品毎に実績原価のオーバーを記録して、その平均値を見積に上乗せする。そうしないと目標利益が達成できない。
(3) 新規設計がある製品は、実績原価と見積との差を把握し、見積の仕方を改善する仕組みが必要。
(4) 技術的な難易度が高いために、実績原価が見積をオーバーした場合、開発費と考える。
(5) 顧客の要求が高い技術なのか、現実を無視した実現困難な要求なのか、見極めが重要。

6節 間接部門の増員

工場には直接製品を製造する直接部門と、生産管理、資材調達、物流、品質管理など、製品を直接製造しない間接部門があります。

この間接部門を増員した場合、原価はどれだけ上がるのでしょうか？

1）設計・検査は間接か直接か

2）間接部門の増員による原価の上昇

について述べます。

1）設計・検査は間接か直接か

ある部門が直接部門か間接部門かは、製品を直接製造しているかどうかで判断します。では、設計や検査はどちらでしょうか。

設計や検査は、**設計費用や検査費用が見積に含まれているかどうか**で判断します。見積に設計費用が含まれていれば、設計部門もお金を稼いでいます。設計部門は直接部門であり、設計費用は直接製造費用です。

同じ設計でも、自社製品のように自主的に開発する場合、設計費用は見積に含まれません。その場合、設計費用は開発費、設計部門は間接部門です。

同様に検査も、検査費用が見積に含まれていれば、検査部門は直接部門、検査費用は直接製造費用です。検査費用が見積に含まれなければ検査部門は間接部門です。

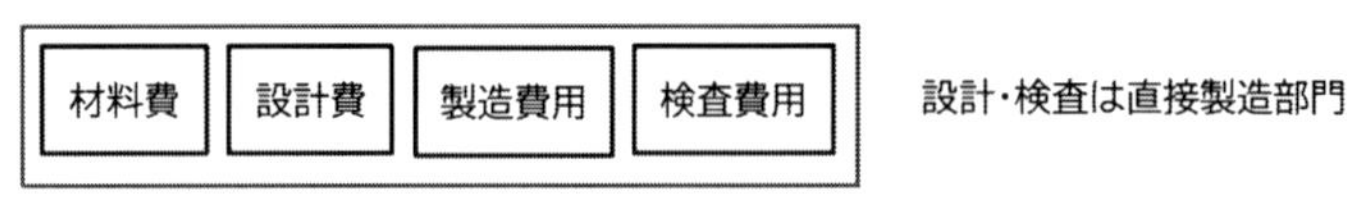

設計費・検査費用は見積に含まれる

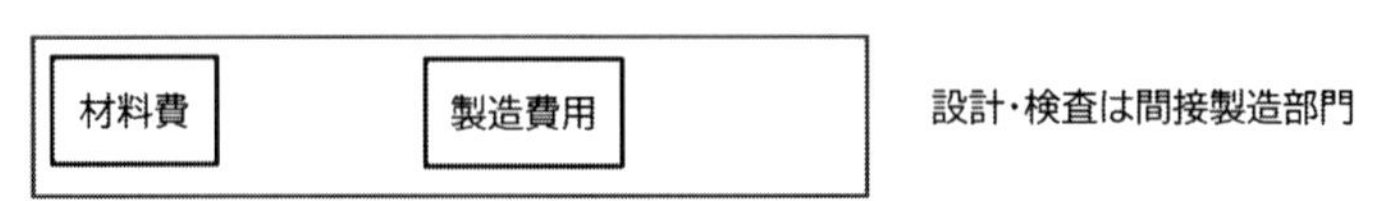

設計費・検査費用は見積に含まれない

図 4-6-1　設計、検査費用の考え方

2) 間接部門の増員による原価の上昇

間接部門を増員した場合、原価はどうなるのでしょうか。

多くの工場ではISOなどの管理業務が増えています。それに伴い間接部門の人員も増加しています。これによりアワーレートは高くなるのでしょうか。

各現場のアワーレートは、間接部門の費用を各現場に分配して計算します。従って間接部門の費用が増えればアワーレートも高くなります。

例えば、A社で生産管理を1名増員しました。その結果、マシニングセンタ1(小型)の現場の間接製造費用の分配は

間接製造費用の分配：145万円→157万円

に増加しました。その結果、アワーレートは

アワーレート間(人)　：3,360円/時間→3,434円/時間

アワーレート間(設備)：1,720円/時間→1,794円/時間

それぞれ74円/時間増加しました。A1製品の原価を**図 4-6-2**に示します。

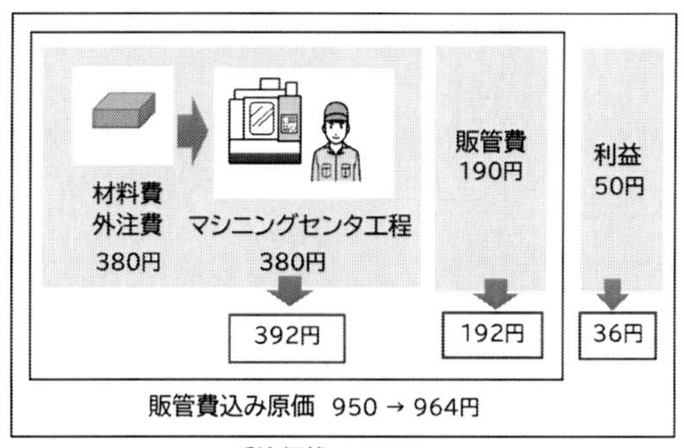

図 4-6-2　間接部門を 2 名増員した場合

生産管理を 1 名増員したことで

製造費用　　　　：380 円 → 392 円

販管費　　　　　：190 円 → 192 円

販管費込み原価：950 円 → 964 円

利益　　　　　　：50 円 → 36 円

販管費込み原価は 14 円増え、利益は 36 円になりました。

間接部門を増員しても原価は変わらないと思うかもしれません。実際は大きな影響があるのです。

3）間接部門の増員のまとめ

(1) 検査や設計などは、その費用が見積に入っていれば直接部門、入っていなければ間接部門。

(2) 間接部門を増員すれば原価は上昇する。

4）利益まっくすの場合

① 生産管理が１名増員、労務費が440万円プラスしました。
「作業者情報入力」で生産管理に１名追加します。

【作業者情報入力画面】

社員コード	氏名	社員区分	年間労務費	就業時間(時)	稼働率0-1	直接/間接	直接%	間接%
1021	U	正社員	4,400,000	2,200	0.0000	間接	0.0	100.0
1030	O	正社員	4,400,000	2,200	0.0000	間接	0.0	100.0

① 増員

② 各現場のアワーレート（人）、アワーレート（設備）は以下のように変わります

【アワーレート入力画面】

現場	アワーレート			
	(人)段取（時）	(人)加工（時）	(設備)段取（時）	(設備)加工（時）
101 マシニングセンタ1(小型)	3,432.7	3,432.7	1,794.0	1,794.0
102 マシニングセンタ2(大型)	3,511.4	3,511.4	2,936.4	2,936.4
103 NC旋盤	3,213.4	3,21[illegible]	[illegible]	[illegible]38.4
104 ワイヤーカット	2,409.4	0.0	[illegible]	[illegible]16.8
105 出荷検査	2,386.8	2,386.8	0.0	0.0
106 組立	1,949.6	1,949.6	0.0	0.0
107 管理	0.0	0.0	0.0	0.0
108 設計	3,279.8	3,279.8	0.0	0.0
109 生産管理	0.0	0.0	0.0	0.0
110 資材発注	0.0	0.0	0.0	0.0
111 品質管理	0.0	0.0	0.0	0.0
112 受入検査	0.0	0.0	0.0	0.0

②アワーレートが増加

③　製造費用は10.54円増加しました。

【見積計算（見積結果確認）画面】

受注ID	品番	品名	納期	個数
1001	1001	A1製品	2019-11-05	100

【材料費】

材料コード	品名	型式	単価	数量	材料費
1011	S45C	S45C d30×4000	300.00	1.10000	330.00

【加工費】内製

現場	段取時間(人)（時）	加工時間(人)（時）	段取時間(設備)（時）	加工時間(設備)（時）	製造費用
101 マシニングセンタ1(小型)	0.500000	0.070000	0.500000	0.070000	392.00

【加工費】外注

加工順	発注先コード	発注先名	
2	1	外注費	50.00

【見積金額】1個当たり　目標見積原価利益率　1.製造部：0.087　1.販管費レート（全体）

材料費	製造費	製造原価	販管費（全体）	目標利益	見積金額	受注金額	差
330.00	392.00	772.00	192.23	83.89	1,048.12	1,000.00	-48.12

7節 イニシャル費の回収

製品を新たに立ち上げる際、金型や治具が必要なことがあります。金型や治具の費用は生産開始に先立って発生するため「イニシャル費」と呼びます。生産開始前に設計やプログラムを行う場合、これもイニシャル費です。

このイニシャル費について

1）生産立ち上げまでの手順

2）イニシャル費の回収方法

3）時には金型は別の事業部にする

この3点を述べます。

1）生産立ち上げまでの手順

部品の立ち上げに金型が必要な場合、生産開始までの流れを**図4-7-1**に示します。

① 生産開始前に、顧客は部品メーカーに金型を発注

② 金型完成後、顧客は金型費用を部品メーカーに支払う

③ 金型は納品せず部品メーカーに置いておく

④ 部品メーカーは顧客から金型を「預かって」部品を生産する

⑤ 金型は顧客の資産

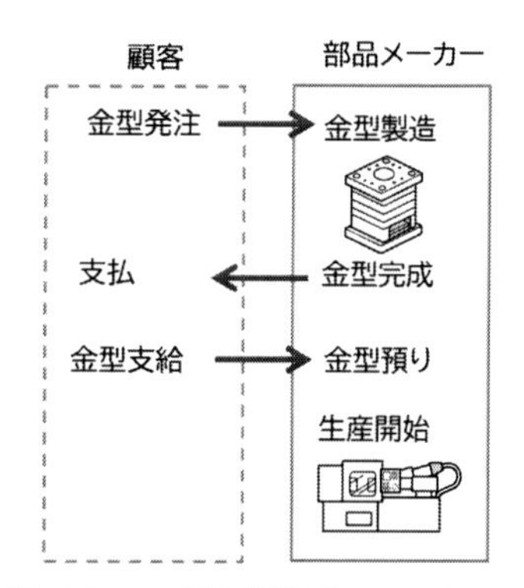

図 4-7-1　量産開始までのプロセス

金型の費用は②で最初に支払います。金型は発注先の資産です。

ところが金型の費用を金型費として払わず、発注する部品の価格に金型費用分を上乗せして支払うことがあります。金型は部品メーカーの資産になります。この場合は、金型代を部品代から確実に回収する必要があります。これがイニシャル費の回収です。

2）イニシャル費の回収方法

金型費用を部品価格に上乗せして回収する場合、上乗せする金額は回収期間とその間の生産数から決めます。**図 4-7-2** に樹脂成形Ｂ社がある製品の生産を開始する場合の金型費と部品代を示します。

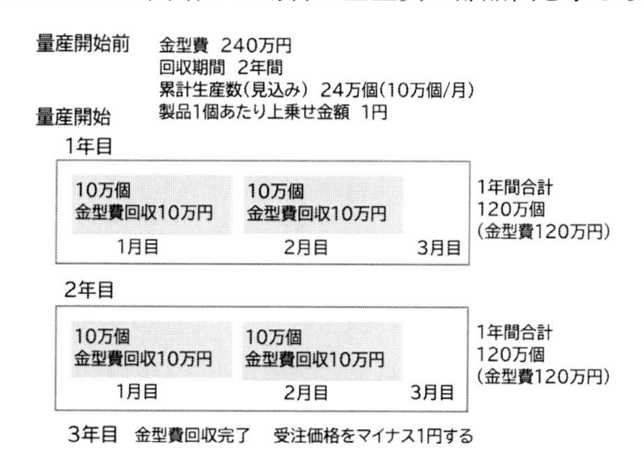

図 4-7-2　金型代を部品価格に上乗せして支払う場合

この製品の受注は2年間で240万個の見込みです。1個当たり1円上乗せすれば2年間で金型費240万円が回収できます。金型の法定耐用年数は2年なので、2年の間に減価償却も完了します。

しかし生産開始1年でこの製品は生産中止になりました。1年間で回収できた金型費は120万円、残り120万円は回収できていません。この場合120万円は顧客に別途「金型補償代」として請求します。

量産開始

1年目

2年目　生産中止

金型費回収不足 120万円（金型補償代120万円を請求）

図4-7-3　途中で生産中止になった場合

このイニシャル費の回収不足を発見するためには、生産開始からの累計生産量を記録して、いつ240万個に達したのか監視しなければなりません。一見簡単なようですが、部品メーカーは多くの種類の部品を生産しています。受注量も毎月変動します。これを常にチェックするのは大変です。

一方、顧客も累計発注量を監視し、予定よりも短い期間で予定数量に達した場合は、その分価格を引き下げなければなりません。

このようにイニシャル費を部品価格に上乗せして回収する方法は、受注側、発注側双方に負担のかかる方法です。

つまり

- イニシャル費を分割して回収する場合は一定期間内の累計生産量と、期間内に累計生産量に達しなかった場合の金型補償代の支払いを取り決め
- 生産開始後は累計生産量を管理

3）時には金型は別の事業部にする

自社で金型の調達（あるいは製造）と製品（部品）の製造を行う場合、金型と製品で利益率が違うことがあります。例えば**図 4-7-4** では

【B1 製品】金型は赤字、製品は黒字

　　金型費の赤字を製品の利益でカバー

　　長く製造するほど利益が増える

【B2,B3 製品】金型は黒字、製品が赤字

　　製品の赤字を金型の利益でカバー

　　長く製造するほど利益が減少

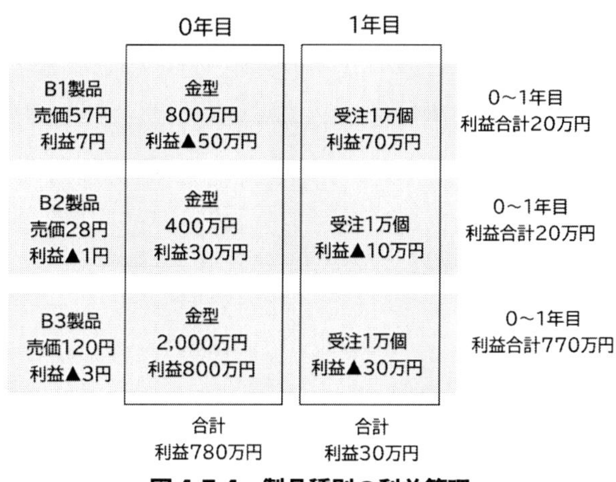

図 4-7-4　製品種別の利益管理

この会社が赤字の場合、従来の財務会計（月次の利益管理、部門別の利益管理など）では、どこに問題があるかわかりません。またB2,B3 製品は、顧客が金型を自社調達に変えれば赤字になってしまいます。

こういった場合、事業毎、製品毎の利益がわかるようにします。方法は２つあります。

①　製品ごとに金型と製品の利益を管理する

②　金型と製品の事業部を分ける

①　製品ごとに金型と製品の利益を管理

図 4-7-4 に示すように、製品毎に金型と製品の利益がわかる仕組みをつくります。ある製品は、製品は赤字でも金型が大きな利益を生んでいるかもしれません。あるいは無理な金型の使い方をしているため、金型の寿命が短くなって、利益が出ないかもしれません。

これを的確に判断するには、**図 4-7-4** のように金型と製品を合わせた利益を管理します。

図 4-7-4 では、

B1 製品：金型利益▲ 50 万円　製品利益 70 万円 / 年

B2 製品：金型利益　30 万円　製品利益▲ 10 万円 / 年

B3 製品：金型利益 800 万円　製品利益▲ 30 万円 / 年

こうすれば製品毎の収益がわかります。B1 製品は短期間に生産中止になれば赤字です。逆に B2、B3 製品は、受注が継続すれば損失が増えていきます。

②金型と製品の事業部を分ける

金型と製品を別の事業部にして、事業部毎の利益を計算します。金型の減価償却は 2 年です。金型の売上はその期の売上ですが、費用は 2 年に分けて計上されます。一方、製品を生産する費用は毎期計上されます。

このように金型と製品は費用と収益のタイミングが異なるため、事業部を分けた方が収益を適切に判断できます。

金型を別事業部にする場合は、以下の手順で行います。

①　金型事業と製品事業の販管費を分ける（金型事業は主に調達のみなので、販管費の比率を製品事業よりも低くします）

②　金型の調達に関わる費用を計算し、金型事業の販管費に入れる

③　減価償却費は金型事業と製品事業を分ける

図 4-7-6 に樹脂成形 B 社を金型事業と製品事業に分けた例を示します。

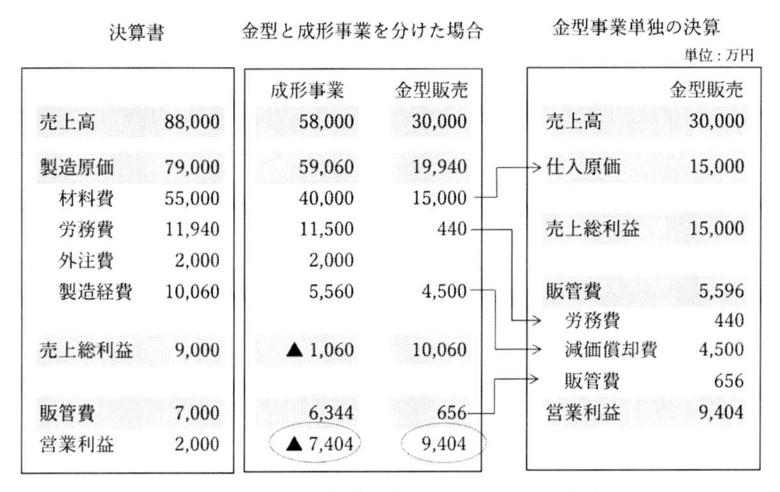

決算書

売上高	88,000
製造原価	79,000
材料費	55,000
労務費	11,940
外注費	2,000
製造経費	10,060
売上総利益	9,000
販管費	7,000
営業利益	2,000

金型と成形事業を分けた場合

	成形事業	金型販売
売上高	58,000	30,000
製造原価	59,060	19,940
材料費	40,000	15,000
労務費	11,500	440
外注費	2,000	
製造経費	5,560	4,500
売上総利益	▲ 1,060	10,060
販管費	6,344	656
営業利益	▲ 7,404	9,404

金型事業単独の決算

単位：万円

	金型販売
売上高	30,000
仕入原価	15,000
売上総利益	15,000
販管費	5,596
労務費	440
減価償却費	4,500
販管費	656
営業利益	9,404

図 4-7-5　金型事業と製品事業に分けた場合

図 4-7-5 で、決算書の営業利益は 2,000 万円です。成形事業と金型事業を分けた結果、成形事業は 7,404 万円の赤字、金型事業は 9,404 万円の黒字でした。

金型の調達に関わる人件費は 440 万円でした。この 440 万円、金型の減価償却費 4,500 万円、販管費分配 656 万円を金型事業の販管費としました。その結果を**図 4-7-6** の右に示します。

この結果から、B 社は成型事業で発生する大きな赤字を金型の利益でカバーしていることがわかります。金型販売だけにすれば高収益企業になりますが、成形を行うから金型の注文が入るので、金型販売だけにはできません。

このように２つの事業に分ければ、事業毎の収益性が明確になります。一方、金型の調達と成形事業の業務は、同じ社員が行うため、金型事業の費用を仕訳の段階で分けるのは困難です。そのため財務会計とは別に計算します。

4）イニシャル費の回収のまとめ

（1）金型などイニシャル費を生産開始前にイニシャル費として発注先が支払う場合、発注先の資産になる

（2）これを避けるには、イニシャル費を製品価格に上乗せして支払う。その場合は、累計生産量をチェックしてイニシャル費の回収を確認する

（3）イニシャル費の回収前に生産が終了した場合は、不足分を請求しなければ赤字になる

（4）金型と製品で利益率が違う場合、

- 製品毎に利益管理をする
- 金型と製品と事業部を分けて収益管理をする

第5章 意思決定への原価の活用

原価がわかると、これまで正しいと思っていたことが、逆に利益を失っていたことがわかります。例えばどんなことがあるでしょうか。

第5章では、その事例として

1. 売上が不足している時、何を受注すべきか？
2. 内製・外製はどちらが正解か？
3. 設備投資すべきかどうか？
4. 研究開発費と節税

この4点について述べます。

1節 売上が不足している時、何を受注すべきか？

受注が少なく売上が不足すれば、このままでは赤字になってしまいます。この場合の

1）固定費の回収
2）付加価値と個別利益
3）赤字でも受注すべき場合

について述べます。

1）固定費の回収

第2章3節で述べたように、製造業は固定費が大きい業種です。毎月固定費を上回る売上がなければ赤字になってしまいます。製造業の固定費と変動費を**図5-1-1**に示します。変動費の一部は製造経費や販管費にもありますが、本書は便宜上、変動費は材料費と外注費、固定費は労務費、製造経費、販管費としています。

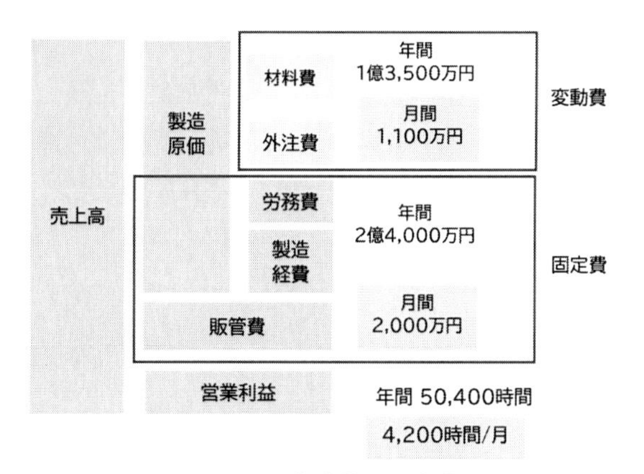

図 5-1-1　変動費と固定費

A社の固定費は毎月 2,000 万円でした。つまり何も生産しなくても 2,000 万円お金が出ていきます。それをカバーするだけの売上が毎月必要です。

A社の直接作業者の年間就業時間の合計は 50,400 時間でした。これは1か月あたり 4,200 時間です。この 4,200 時間、作業者がフルに稼働するだけの受注があれば固定費が回収できます。

実際の受注は毎月変動し、各現場の生産量も変動します。管理者は受注の変動に応じて各作業者の仕事量を調整し「人と設備がフル稼働している状態」にします。

一方、売上が少ない時、優先して受注するのは利益の高い製品とは限りません。これはどういうことでしょうか。

2）付加価値と個別利益

売上が少ない時、優先して受注すべきなのは、付加価値合計の大きい製品です。付加価値合計が大きければ固定費が多く回収できるからです。**図 5-1-2** にA1製品とA2製品の原価を示します。

図 5-1-2　A1 製品と A2 製品の原価

A 1 製品と A 2 製品の受注金額は同じです。しかし利益は

A 1 製品：50 円

A 2 製品：80 円

A 2 製品の方が利益が高く儲かる製品です。売上が少なく赤字になりそうな場合、現場は儲かる A 2 製品を優先するかもしれません。

しかし付加価値を比べると

A 1 製品：620 円

A 2 製品：400 円

5 割も A 1 製品の付加価値は高いのです。

これは A 2 製品は外部に払う費用（変動費）が大きいためです。そのため社内に残るお金は A 1 製品より少ないのです。ただし製造費用も少ないため、利益は A 2 製品の方が高いです。

計算を簡単にするため、この工場は A 1 製品だけ、あるいは A 2 製品だけ 2 万個 / 月生産したとします。この場合の利益を**図 5-1-3** で比較します。

図 5-1-3　１か月の売上と利益

Ａ１製品だけを１か月２万個生産した場合、

売上　　：2,000 万円

付加価値：1,240 万円

Ａ３製品では

売上　　：2,000 万円

付加価値：800 万円

Ａ２製品の付加価値はＡ１製品より低いのです。

Ａ社の１か月の固定費の総額は 2,000 万円でした。会社全体の利益は付加価値から固定費を引いた金額です。その結果、赤字額は

Ａ１製品：▲ 760 万円

Ａ２製品：▲ 1,200 万円

Ａ２製品の方が赤字は 440 万円大きくなりました。

赤字だからと、利益が大きいＡ２製品の受注を優先すれば赤字がさらに大きくなります。売上が少ない時は、**付加価値合計が大きい製品の方が赤字は少なくなる**のです。

一方固定費をカバーできる売上があれば、付加価値合計よりも利益額の大きい製品を優先して受注します。

では、価格を下げればもっと多く受注できる場合、価格を下げてでも受注を増やすべきでしょうか。

3）赤字でも受注すべき場合

例えばＡ１製品の価格を980円に下げれば、受注が２万個から２万４千個に増加する場合、赤字はどうなるでしょうか。

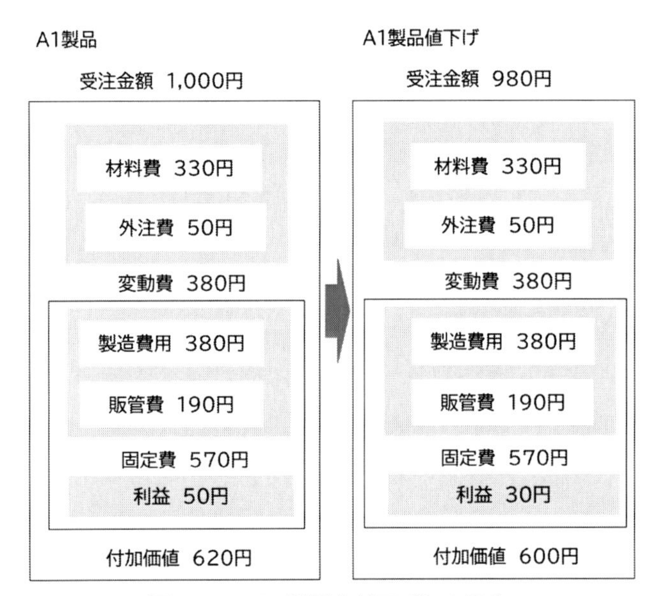

図 5-1-4　A1 製品を値下げした場合

受注金額が980円になれば利益が50円から30円に減少します。付加価値額も減少するため、単体で比較すれば値下げしない方がましです。

そこで受注量が２万４千個に増加した結果を**図 5-1-5** に示します。

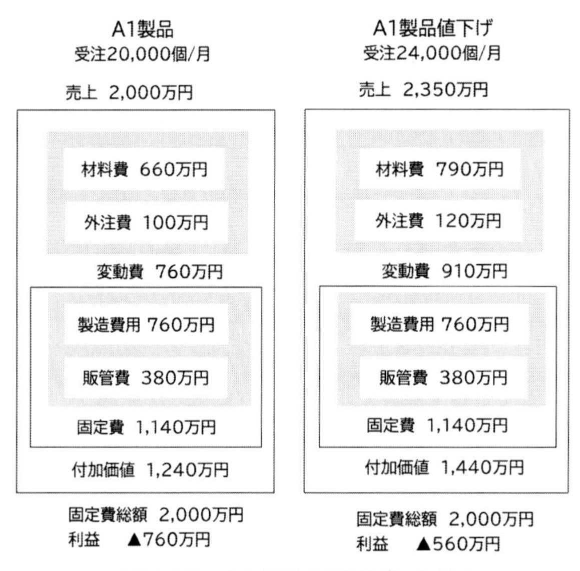

図 5-1-5　A1 製品を値下げした場合

受注量が2万4千個に増加した結果、付加価値合計は1,440万円に増加しました。その結果、固定費2,000万円を引いた赤字は560万円に減少しました。

つまり、売上が少なく固定費の回収が不足している場合は、値段を下げてでも受注量が増えれば、付加価値合計が増えて赤字は少なくなります。

ただし値段を下げれば、顧客に実績として記録され、その後、値段を上げるのは難しくなります。その点も考慮して値下げは慎重に行います。

このように製造業は固定費の比率が高いため、売上が十分あるかどうかで、受注の判断が変わります。そこで「会社がどういう状態で何を優先しなければならないか」関係者で共有して正しく判断できるようにします。そうしないと、売上不足にもかかわらず付加価値合計が少なく利益が多い製品を優先して赤字が拡大してしまいます。

これは原価の仕組みをつくって製品別の利益がわかるようになったことで起きる問題です。

同様に内製・外製の判断も、利益がわかるために判断を迷わせてしまうことがあります。これについては２節で述べます。

4) まとめ

売上が十分あるかどうかで、どの製品を優先するのか変わります。

(1) 売上が十分あり、固定費が回収できる時
　利益率の高い製品を優先する

(2) 売上が不十分で、固定費の回収が不足する時
　付加価値合計が大きい製品を優先する
　値段を下げれば受注量が増える場合、それにより付加価値額合計が増えれば赤字は減少する

2節　内製・外製はどちらが正解か？

「受注価格が低く内製では赤字、しかし外注に出せば利益が出る」その結果担当者は外注に発注します。これは正しいのでしょうか。

これに関して

1）外注化にかかる費用
2）出ていくお金と付加価値
3）本当は外注化すればコストアップになる
4）追加費用が発生しても内製する
5）本当に外注化すべきもの

５点について述べます。

1）外注化にかかる費用

外注に発注すれば、どのような費用が発生するのでしょうか。

これは以下の３つです。

- 発注費用
  発注先の選定や発注価格の交渉、伝票の作成などの費用
- 納期管理費用
  発注後の納期管理や督促の費用
- 受入検査費用
  納入品の受入検査費用

これらは間接部門の仕事です。外注への発注が増えれば、このような間接部門の仕事が増えます。納期管理や品質管理が不十分な外注に発注すれば、間接部門の納期管理や受入検査の業務量が増えます。

こうして外注化を進めることで間接部門の人員が増えて間接部門の費用が肥大化します。これが現場のアワーレートを上昇させ、工場は高コストになっていきます。

そもそも外注化すれば利益は増えるのでしょうか。

2) 出ていくお金と付加価値

外注化すれば変動費が増えて付加価値が減少します。A 社　A1 製品を外注と比較したものを**図 5-2-1** に示します。

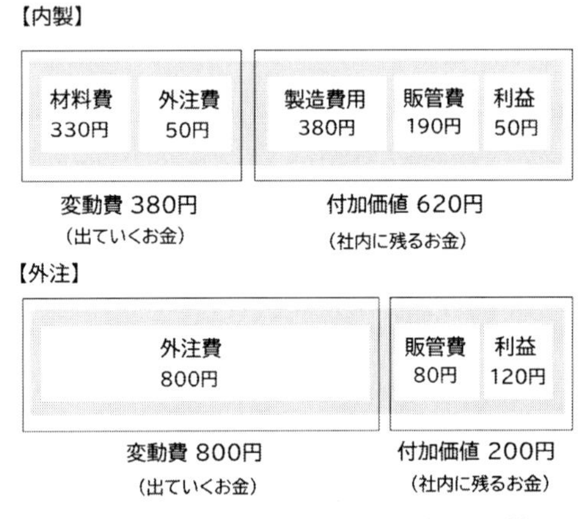

図 5-2-1　内製と外注の原価の比較

A 1 製品を内製した場合、

受注価格：1000 円
変動費　：380 円
製造費用：380 円
販管費　：190 円
利益　　：50 円

でした。

このA 1 製品を 800 円と低い価格で受注する外注先がありました。この場合

受注価格　　　　：1,000 円
変動費（外注費）：800 円
販管費　　　　　：80 円
利益　　　　　　：120 円

でした。外注化すれば利益は 70 円増えます。本当に利益は増える

のでしょうか。

ポイントは、今の設備や人員で製造できるかどうかです。今の人員や設備で製造できれば、どれだけ外注が安くても、外注化すれば利益は少なくなります。外注化すれば付加価値が減少し固定費の回収が減るからです。

図 5-2-1 で付加価値は

内製：620 円

外注化：200 円

外注化で付加価値は 1/3 になります。外注化すれば売上の多くが外注先への支払いになり、社内に残るお金は多くありません。固定費の回収も減るため利益が減少します。

つまり、内製が可能であれば、**外注より原価が高くなっても内製した方が利益は増える**のです。外注化すれば、見かけ上の利益は増えますが、実は固定費の回収が少なくなり利益が減少します。ところが見かけの利益だけで判断してしまう担当者は多いのです。

3）本当は外注化すればコストアップになる

多くの方が誤解しているのですが、本当は外注に出せば高くなるはずです。これを**図 5-2-2** に示します。

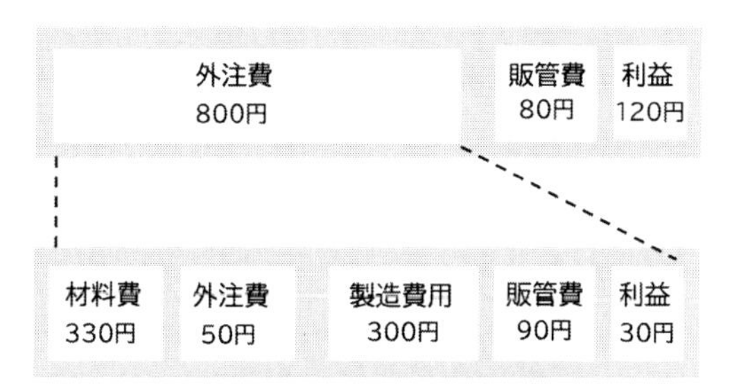

図 5-2-2　外注費の内訳

外注先も材料費や外注費は変わりません。外注先も販管費や利益が必要です。外注費800円の内訳は

材料費　：330円

外注費　：50円

製造費用：300円

販管費　：90円

利益　　：30円

つまり、自社では380円の製造費用を、外注先は300円にしなければ800円で受注できません。

外注が安くできる理由は

- 外注の人件費が低いため、アワーレート（人）が低い
- 安価な設備で償却も終わっているため、アワーレート（設備）が低い
- 間接部門が少なく間接製造費用が低い
- 管理や営業の人員や少なく、販管費レートが低い

こういったことがあるからです。これらの費用が自社と同じであれば、外注の受注価格は自社の受注金額と同じ1,000円になるはずです。この1,000円に自社の管理費を加えれば、顧客へ出す見積は内製よりも高くなります。つまり、**本質的には外注化はコストアップ**なのです。

外注が安くできるのは低い人件費や少ない管理部門、低い利益によるものです。一方、今日では顧客から高いレベルの品質管理や工程管理が求められます。しかしこういった外注先には、品質管理や工程管理が不十分な会社もあります。「安くなるから」と外注化したはずが、外注品の不良の対応に、自社の品質管理の担当者が走り回っていることも珍しくありません。しかも、こういった間接費用は外注品の原価には入っていません。「**外注化したことで本当に安くなったのか**」間接費用も含めて確認する必要があります。

4) 追加費用が発生しても内製する

2) で述べたように工場に余力があれば「内製の原価が高く赤字になっても内製化すべき」です。では、残業や休日出勤をしなければならない場合はどうでしょうか。それでも内製すべきでしょうか。

休日出勤をして内製した場合のＡ１製品の原価を**図 5-2-3** に示します。

図 5-2-3　休日出勤した場合と外注との比較

休日出勤により製造費用は 100 円増加しました。この増加した 100 円は変動費と考えます。その結果、内製した場合

　付加価値：520 円

外注化の 200 円より大きな金額です。

つまり、残業や休日出勤をして、**追加の人件費を払ってでも内製した方が会社の利益は増える**のです。

5）本当に外注化すべきもの

このように、たとえ原価が低くても外注化すれば利益は減少します。残業代など追加費用が発生しても内製した方が利益は増えます。

しかも、安い外注先には品質管理や工程管理が不十分なところが多く、自社の間接部門の仕事が増えます。

では外注に出した方がよいのはどういう時でしょうか。

例えば、受注が急に増えたため自社でつくりきれない時です。生産能力は設備や人員で決まるため、急に注文が増えても対応できません。かといって引合を断れば、顧客は他に受けてくれるところを探します。新しい発注先を見つければ自社の競合が増えます。そこで急な受注の増加に対応するため外注を活用します。

急な受注を受けることができる外注先は、ある程度の規模が必要かもしれません。しかも十分な品質管理や工程管理ができる外注は安くないかもしれません。利益は出ないかもしれませんが、自社の競合を増やさないというメリットはあります。また品質管理や工程管理がしっかりしている外注は、外注管理に手間がかからず、担当者の手離れがよいメリットもあります。

他にも外注を活用すべき場合とそうでない場合を以下に示します。

【外注を活用すべき場合】

- 一時的な受注増加
- 新たな設備投資が必要
- 自社に技術やノウハウがない
- 自社には十分な量がない

【内製すべき場合】

- 固有の技術が必要で、他社との差別化になる
- 付加価値が高い

• 短納期

6) まとめ

(1) 外注化すれば、発注、納期管理、受入検査など間接部門の費用が増加する
(2) 外注の方が安くても、出ていくお金が増えて付加価値は減少し、結果的に利益も減少する
(3) 外注化すれば、外注先の販管費や利益が価格に加わるため、本来はコストアップになる
(4) 残業や休日出勤で追加費用が発生しても内製化した方が利益は増える
(5) 本当に外注化すべきものは、急な受注の増加など。この場合利益がなくても競合の参入を防ぐ効果がある。

3節 設備投資すべきかどうか？

製造業の生産量は設備と人員で決まります。これ以上増産するには設備投資が必要です。あるいは既存の設備で対応できないような製品も設備投資が必要です。

では「設備投資をすべきか」どう判断すればいいのでしょうか。設備投資に関して

1）設備投資と損益分岐点
2）設備投資の回収計算
3）現在価値で考える
4）お金は過去に持っていけない
5）借入して設備投資をした場合
6）順に設備を更新
7）設備投資後、売上が減少
8）外注化との比較

について述べました。

1）設備投資と損益分岐点

設備投資をすれば

- 新たに減価償却が発生
- 設備が稼働すれば、ランニングコストが増加
- オペレーターなど増員が必要

その大半は固定費です。固定費が増えれば、損益分岐点が上昇します。（**図 5-3-1**）

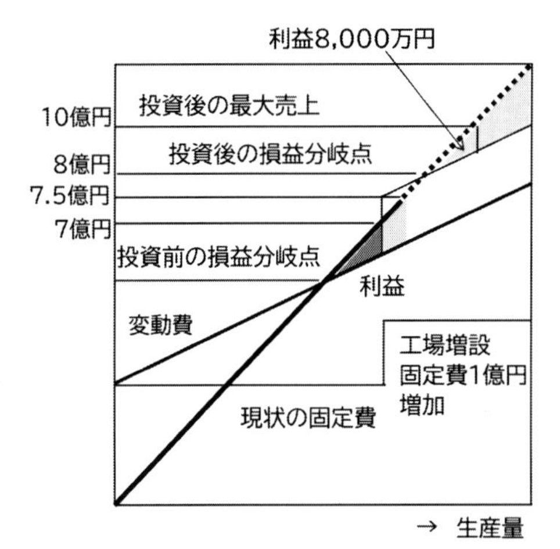

図 5-3-1　設備投資と損益分岐点の上昇

図 5-3-1 は設備投資による損益分岐点の上昇を示したものです。工場・設備の増設や増員など大規模な設備投資を行った結果、固定費は 1 億円増加しました。その結果、損益分岐点は 8 億円に上昇し、現状の売上高 7 億円では赤字になりました。

一方、これまでの工場では売上高は 7.5 億円が上限でした。今回の設備投資で生産能力は増強され、最大 10 億円の受注まで対応が可能になりました。売上が 10 億円になれば 8,000 万円の利益が見込まれました。

このように設備投資は、会社の規模を拡大し、より多くの受注に対応できます。一方、設備投資の後、売上が減少すれば増えた固定費が回収できず赤字は大きくなります。

逆に売上の減少が続けば、設備投資でなく、固定費の削減が必要です。固定費の削減とは、売上に見合った規模の工場に変えることです。これが本来の意味のリストラ（リ・ストラクチャリング：事業の再構築）です。

固定費は製造業にとって、付加価値を生み出す源です。同時に売上が下がれば会社の業績を悪化させる「もろ刃の剣」です。

そのため設備投資を行う場合、短期間に設備投資を回収し赤字のリスクを減らしたいと考えます。この設備投資の回収はどのように計算すればいいでしょうか。

2) 設備投資の回収計算

新たに設備を購入すれば、購入金額分のお金が出ていきます。これは購入した設備が稼がなければなりません。これが設備投資の回収です。

A社のマシニングセンタの設備投資2,100万円の回収を計算します。計算を簡単にするために、このマシニングセンタはA1製品しか生産しないとします。この場合のA1製品の原価と費用を**図5-3-2a**に示します。

a. 1個の原価構成

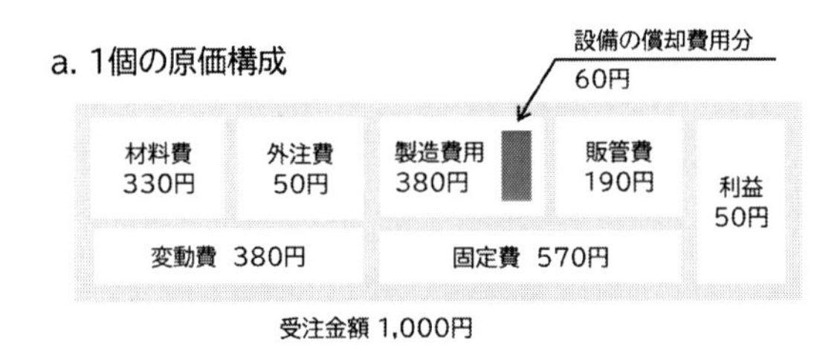

b. 年間売上と利益

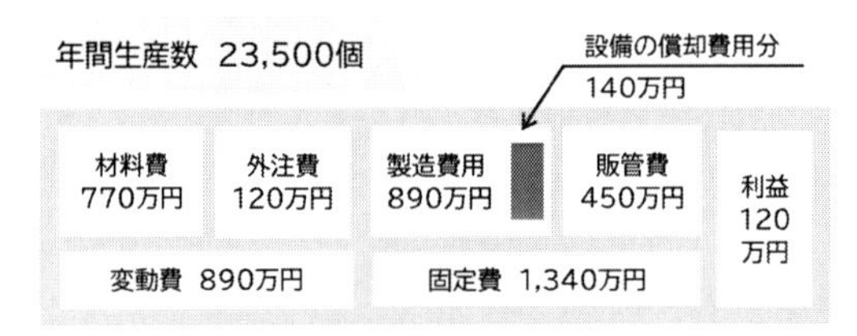

図5-3-2 A1製品のみを生産した場合の売上と利益

このマシニングセンタの年間生産数は23,500個です。A1製品の年間売上、変動費、固定費、利益を、**図5-3-2b**に示します。

A1製品の製造費用380円の中には設備の償却費60円が含まれています。設備の償却費は実際にはお金が出ていかない費用なので、その分お金はプラスになります。これは製品1個につき60円、年間で

は 140 万円でした。

このマシニングセンタが 1 年間で生み出すお金は

実際の償却費＋利益＝ 140 ＋ 120 ＝ 260 万円

260 万円が残るお金です。それ以外はすべて出ていくお金です。

利益がなくても毎年、実際の償却費 140 万円分お金が残ります。15 年経てば 2,100 万円の設備投資は回収できます。

しかし実際はもっと短期間で回収を考えます。その場合、実際の償却費 140 万円に利益 120 万円を加えた 260 万円で設備投資の回収を計算します。これを**表 5-3-1** に示します。

表 5-3-1　設備投資の回収の例　　単位：万円

	1 年後	2 年後	3 年後	4 年後	5 年後	6 年後	7 年後	15 年計
売上				毎年 2,350				
利益				毎年 120				1,800
償却費				毎年 140				2,100
残るお金				毎年 260				3,900
回収残 ▲ 2,100	▲ 1,840	▲ 1,580	▲ 1,320	▲ 1,060	▲ 800	▲ 540	▲ 280	1,800

生産開始時、設備投資の回収残は 2,100 万円でした。毎年 260 万円が設備投資の回収に使われます。回収残は

1 年目の回収残：1,840 万円

2 年目の回収残：1,580 万円

と毎年 260 万円減少し

7 年目の回収残：280 万円

8 年目の回収残：20 万円

9 年目に回収が完了します。

実はこの計算は問題があります。それは「現在価値を考慮していな

い」からです。

3）現在価値で考える

今手元にある100万円の価値は、10年後は100万円ではありません。100万円を10年預金すれば金利の分増えるからです。同様に今100万円を借りて10年後に返せば、金利のため100万円より多く返さなければなりません。

このように長期の資金を計算するときは、金利を考慮して現在価値に置き換えます。これがDCF法（Discounted Cash Flow）です。10年後の100万円の現在の価値をNPV(Net Present Value）といいます。

DCF法の計算

1年後にY1円、2年後にY2円、…n年後にYn円の収益がある場合、1年後の利息がr1円、2年後の利息がr2円、…n年後の利息がrn円のとき

収益の現在価値P

$$= \frac{Y1}{1 + r1} + \frac{Y2}{(1+r1) \times (1+r2)} + \cdots + \frac{Yn}{(1+r1) \times (1+r2) \cdots (1+rn)}$$

この計算はエクセルにあるNPV関数を使えば簡単にできます。

現在は金融機関の貸出金利が低いので、期間が短ければ現在価値を考慮しなくても結果は大きく変わりません。そこで本書は計算を簡単にするため現在価値を考慮せずに計算しています。

一方、上場企業の場合、資金の調達は借入だけでなく株式市場からも行います。株式市場からの資金調達は、資金提供者にとって融資よりもリスクが高いため、融資より高い収益率（利率）が要求されます。従って利率は借入よりも高くなります。

そこで上場企業の場合、金利は借入金と資本金の金利を平均（加重平均）した加重平均資本コスト（WACC : Weighted Average Cost of

Capital）を使用します。〈注1〉

〈注1〉WACC の計算方法

加重平均資本コスト (WACC) は、自社の負債総額と株式の時価総額、負債の利率、株主資本コストから計算します (ここでコストは資金調達側から見た利息〔利率〕です)。

D : 負債総額
E : 株式の時価総額
rd : 借入金の利率
re : 株主資本コスト　(株式の利率)
tc : 実効税率 (40%)

$$WACC = re \times \frac{E}{E+D} + rd \times (1-tc) \times \frac{D}{E+D}$$

借入金の金利 1%
資本コスト 8%
借入金と株式の比率が 1:1 の場合

$$WACC = 0.08 \times \frac{1}{1+1} + 0.01 \times (1-0.4) \times \frac{1}{1+1}$$
$$= 0.052=4.3\%$$

表 5-3-1 では毎年 260 万円お金が残りました。これを現在価値にしたものを**表 5-3-2** に示します。金利は貸出金利 1%、WAAC は 4% で計算しました。

表 5-3-2　260 万円に現在価値を考慮した場合

	1 年後	2 年後	3 年後	4 年後	5 年後	6 年後	7 年後
1%	257	255	252	250	247	245	242
4%	250	240	230	221	212	204	195

260 万円の 7 年後の価値は
金利 1％：242 万円
金利 4％：195 万円
金利 1% は現在価値との差が小さく、金利 4% では大きくなります。

従って上場企業など株式市場から資金調達をしている場合は、現在価値を考慮する必要があります。

表 5-3-1 の設備投資の回収について、現在価値を考慮した場合を**表 5-3-3** に示します（金利は 1% としました）。

表 5-3-3　現在価値を考慮した場合　　　**単位：万円**

	1 年	2 年	3 年	4 年	5 年	6 年	7 年	15 年計
売上	2,327	2,303	2,280	2,257	2,235	2,212	2,190	
利益	119	118	116	115	114	113	112	1,663
償却費	139	137	136	134	133	132	130	1,940
残るお金	257	255	252	250	247	245	242	3,602
回収残	▲ 1,843	▲ 1,588	▲ 1,336	▲ 1,086	▲ 839	▲ 594	▲ 352	

現在価値を考慮した場合、15 年間の合計は
　利益　　：1,800 万円→ 1,663 万円
　償却費　：2,100 万円→ 1,940 万円
　残るお金：3,900 万円→ 3,602 万円
でした。

4）お金は過去に持っていけない

この設備投資の回収とは、どういう意味でしょうか。なぜなら回収したお金をタイムマシンで過去に持っていって、そのお金で設備を買えるわけではないからです。

実は回収したお金は別の設備の設備投資に使われるのです。例えば、**図 5-3-3** のように工場に 3 台の設備があり、順に設備を更新します。設備 1，2 が順調にお金を残せば、そのお金が設備 3 を更新する原資になります。もし設備 1，2 の稼働率が低く十分なお金を残せなければ設備 3 を更新する原資が足りなくなります。

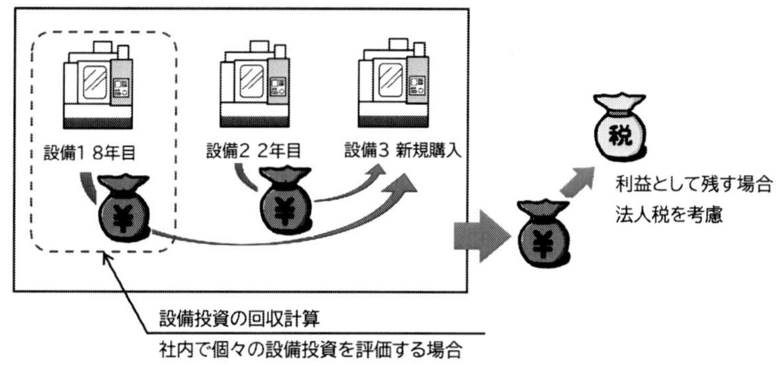

図 5-3-3　設備投資の回収のお金の流れ

ここまでの検討は自己資金で設備投資を行った場合です。設備投資の資金を借入した場合はどうなるのでしょうか。

5) 借入して設備投資をした場合

設備の購入資金を借入した場合、借入金の返済を考えなければなりません。そして返済期間は大抵、設備の耐用年数よりも短いです。

4) までは、回収したお金を社内で回す前提でした。そのため法人税は考えませんでした。しかし、金融機関に返済する場合、返済は税引き後のお金（当期純利益）です。そのため法人税を考えなければなりません。これを**表 5-3-4** に示します（法人税の実効税率は 40% としました）。

表 5-3-4 借入金の返済の例　　**単位：万円**

	1年	2年	3年	4年	5年	6年	7年	15年合計
売上				毎年 2,350				
利益				毎年 120				1,800
法人税				毎年 ▲ 50				
税引き後				毎年 70				1,050
償却費				毎年 140				2,100
残るお金				毎年 210				3,150
借入金返済	▲ 430	▲ 430	▲ 430	▲ 430	▲ 430	0	0	▲ 2,150
現金収支	▲ 220	▲ 220	▲ 220	▲ 220	▲ 220	210	210	1,000

年間利益120万円から法人税50万円が引かれるため、税引き後の利益は70万円です。残るお金は償却費140万円と合わせた210万円です。

2,100万円を金利1%で5年間借りた場合、毎年の返済額は430万円です。従って返済に対し毎年220万円お金が不足します。不足する220万円は他から持ってこなければなりません。

設備購入資金を借入した場合

- 借入金の返済期間は設備の耐用年数よりも短い
- 借入金の返済は税引き後の利益から行われる

この2点に注意が必要です。

6）順に設備を更新

他からお金を持ってくるといっても、どうやって持ってくるのでしょうか。

自社に複数の設備があれば、それを順に更新すれば、返済で不足するお金を他の設備が稼いで埋められます。**図5-3-4**に3台の設備を順に更新した場合のお金の流れを示します。

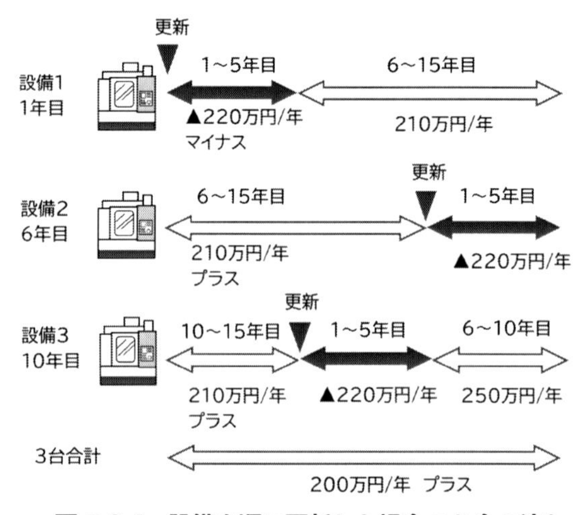

図5-3-4　設備を順に更新した場合のお金の流れ

図5-3-4は、3台の設備があり、15年で更新します。今年設備1を更新しました。その結果、設備1は5年間毎年220万円お金が不足します。しかし、その間設備2、3は毎年210万円のお金を生んでいます。そのため3台合計すれば200万円のプラスです。6年目になると借入金の返済は終わり、設備1が毎年210万円のお金を生みます。そこで設備3を更新します。こうすれば常に2台の設備は毎年420万円のお金を生みます。

このように設備の更新が重ならないように計画を立てます。そのためには中期経営計画に設備の更新と資金計画を盛り込みます。できれば中期経営計画には将来のバランスシートも含めて、自社の財務と資金計画を考えます。特に高額な設備を使用する工場では、中長期の資金計画は不可欠です。いざ設備の更新が必要となった場合、バランスシートが悪いと資金調達が難しくなるからです。

表5-3-5 中長期の資金計画の例

設備更新1億円

単位：万円

	1年	2年	3年	4年	5年
期初現預金	3,000	4,000	5,000	6,000	3,000
税引き後利益	1,000	1,000	1,000	1,000	▲ 1,000
減価償却費	2,000	2,000	2,000	2,000	4,000
合計	3,000	3,000	3,000	3,000	3,000
設備投資	▲ 1,000	▲ 1,000	▲ 1,000	▲ 10,000	▲ 1,000
新規借入				5,000	
借入金返済	▲ 1,000	▲ 1,000	▲ 1,000	▲ 1,000	▲ 1,000
収支合計	1,000	1,000	1,000	▲ 3,000	1,000
期末現預金	4,000	5,000	6,000	3,000	4,000

借入5,000万円

4年後の更新に備え内部留保を蓄積

表 5-3-5 の例では、4 年後に 1 億円の設備の更新が予定されています。返済を考えると借入は 5,000 万円以下にしたいところです。それには 5,000 万円以上の自己資金が必要です。そこで 4 年目に 5,000 万円以上の内部留保ができるように入ってくるお金（税引き後の利益と減価償却費の合計）、出ていくお金（設備投資と借入金返済）を管理します。

7）設備投資後、売上が減少

設備投資を計画する際、設備投資後、売上は横ばいという前提でした。ところが設備投資後、売上が減少することがあります。市場が縮小して売上の維持が難しい業界もあります。設備投資した後、売上が減少すれば、設備投資の回収はどうなるのでしょうか。

①　年率 3% で売上が減少した場合

表 5-3-6 は、**表 5-3-1** の例で売上が毎年 3% 減少した場合です。

表 5-3-6 売上が毎年 3% 減少　　**単位：万円**

	1 年	2 年	3 年	4 年	5 年	6 年	7 年	15 年合計
売上	2,350	2,280	2,211	2,145	2,080	2,018	1,957	
変動費	890	866	840	815	791	767	744	10,914
固定費	毎年 1,340							20,100
利益	120	74	31	▲ 10	▲ 51	▲ 89	▲ 127	▲ 2,285
償却費	毎年 140							2,100
残るお金	260	214	171	130	89	51	13	▲ 185
回収残	▲ 1,840	▲ 1,626	▲ 1,455	▲ 1,325	▲ 1,236	▲ 1,185	▲ 1,172	

売上（販売量）が減少すれば、変動費は下がりますが、固定費は変わりません。そのため利益は年々減少し 4 年目から赤字になります。残るお金も 7 年目には 13 万円になってしまいます。7 年目の設備投資の回収残は 1,172 万円もあり、このままでは設備投資の回収は困難です。

実際は売上が減少すれば作業者は別の仕事も行います。固定費が1,340万円のままで、表のように年々赤字が大きくなることはないはずです。それでも設備投資の回収が困難なことは変わりません。

②　価格が減少すればより顕著に

販売量は変わらなくても価格が年々下がることもあります。顧客から定期的な値下げ交渉がある場合、市場の販売価格が年々低下する場合、などです（ある業界の方から「ウチは年率15%で市場価格が減少する……」と言われて驚いたことがあります）。

この場合の設備投資の回収を**表5-3-7**に示します。

表5-3-7　価格が年3%下落する場合　　**単位：万円**

	1年	2年	3年	4年	5年	6年	7年	15年合計
売上	2,350	2,280	2,210	2,140	2,080	2,020	1,960	28,727
変動費	毎年890							36,353
固定費	毎年1,340							20,100
利益	120	50	▲20	▲90	▲150	▲210	▲270	▲4,730
償却費	毎年140							2,100
残るお金	260	190	120	50	▲10	▲70	▲130	▲2,630
回収残	▲1,840	▲1,650	▲1,530	▲1,480	▲1,490	▲1,560	▲1,690	

表5-3-7は生産量が変わらないため、変動費も変わりません。そのため**表5-3-6**より顕著に利益が減少し、3年目から赤字になります。これでは設備投資の回収は不可能です。

設備投資をすれば、設備に見合った売上が必要です。「受注が少なく設備の稼働が低い」「受注価格が低下」このようなことが起きれば設備投資の回収は困難です。

では長期的には売上の維持が見込めない場合、どうすればよいでしょうか。

8) 外注化との比較

「新たな引合があり設備投資が必要。しかし受注が長期的に安定する保証はなく設備投資のリスクが高い」こういった場合、設備投資をしないで、外注化する方法があります。

先のＡ１製品を外注化した場合はどうなるのでしょうか。

Ａ１製品を外注化した場合の原価と利益を**図 5-3-5** に示します。

図 5-3-5　A1 製品を外注化した場合

品質管理、工程管理のしっかりした外注先に依頼したため、発注価格は 890 円と高くなりました。自社の管理費 90 円を引くと利益は 20 円しかありません。ここで販管費は外注費の 10% としました。販管費は外注費に比例して計算します。そのため販管費も変動費です。

年間の受注量は同じ 23,500 個、受注価格も同じ 1,000 円でした。

その結果、年間では

外注費：2,090 万円

販管費：210 万円

利益　：50 万円

①　外注化すれば残るお金は減少

外注化した後、売上が横ばいの場合の7年間の収支を**表5-3-8**に示します。

表5-3-8　外注化した場合の7年間の収支　　**単位：万円**

	1年	2年	3年	4年	5年	6年	7年	15年合計
売上			毎年　2,350					35,250
外注費			毎年　2,090					31,350
販管費			毎年　210					3,150
利益			毎年　50					750

売上は横ばいなので、年間の売上、変動費、固定費、利益は変わりません。

利益は内製の120万円から50万円に減少しました。設備の償却費もないため、残るお金は同じ50万円でした。15年間の残るお金の合計は750万円でした。

設備投資をした場合は、設備投資を回収してもなお1,800万円のお金が残りました。それに比べ残るお金は大幅に少なくなりました。

②　受注が減少しても赤字にならない

受注が減少した場合はどうでしょうか。受注が年3%減少した場合を**表5-3-9**に示します。

表5-3-9　受注が年3%減少した場合　　**単位：万円**

	1年	2年	3年	4年	5年	6年	7年	15年合計
売上	2,350	2,280	2,211	2,145	2,080	2,018	1,957	28,729
外注費	2,090	2,029	1,968	1,909	1,852	1,796	1,742	25,569
販管費	210	203	197	191	185	180	174	2,557
利益	50	48	46	45	43	42	41	603

販管費も変動費になるため費用はすべて変動費です。そのため受注が減少しても利益が出ます。15年間で残るお金の合計は603万円で

した。

内製の場合、売上が横ばいであれば15年間で1,800万円のお金が残ります。しかし売上が減少すれば、設備投資は回収できず15年間で残るお金はマイナスになってしまいます。

外注化すれば、残るお金は少なくなりますが、売上が減少した時のリスクはなくなります。

実は外注化を進めることは、自社の生み出す付加価値を減らし、製造業から卸売業に近づくことです。そして事業が薄利多売になっていきます。その分、固定費が減少するので、受注の変動に強くなります。

事業環境の変動が大きい、製品や事業の寿命が短いなど、先が読めない状況では、回収が長期になる設備投資は難しい判断になります。設備投資を行い、事業を拡大して、売上・利益の増大を目指すのか、薄利になっても外注化してリスクを減らすのか、今は事業や環境に応じて適切な判断が求められる時代です。

③　外注化とはリスクを移転

つまり外注化とは、売上減少のリスクを外注先に移転することです。これは外注先が受注案件を数多く持っていて、この売上が減少しても他からの受注でカバーできることが前提です。それには外注先はある程度の規模が必要です。規模が小さく、そうしたことができなければ、外注先の売上を維持するために自社の仕事を回さなければならなくなってしまいます。つまり、社外に固定費的な外注先ができてしまいます。

設備投資とよく似たものに開発費があります。開発費の回収はどのように考えたらよいでしょうか？　これについては次節で説明しま

9）まとめ

（1）設備投資は固定費が増加し、損益分岐点が上昇する
（2）設備投資の回収の原資は、償却費＋利益
（3）長期の資金は金利が影響するため、本来はDCF法で現在価値に換算して計算
（4）お金は過去に持っていけない。設備投資の回収で得たお金は、次の設備投資の原資になる
（5）借入して設備投資をする場合、返済期間は耐用年数よりも短いためお金が不足する。そのお金は別の設備が稼いだお金を充当する。従って設備の更新は順に行う
（6）設備投資後、売上が減少すれば設備投資の回収期間が長くなる。売上減少より価格低下の方が影響はより顕著に現れる
（7）設備投資でなく外注化すれば、固定費が変動費化する。売上が減少しても利益が残る

4節 研究開発費と節税

「研究開発費」と聞くと、「うちは製品開発をしていないから関係ない」と思うかもしれません。しかし、製品開発をしていなくても、試作や展示会用のサンプルをつくった場合、材料費や人件費を研究開発費にできることがあります。研究開発費には税額控除などのメリットがあります。そこで

1）開発の流れ
2）研究開発費と試験研究費
3）中小企業が開発費を管理するメリット
4）開発費の回収
5）売上が減少する場合

について述べます。

1）開発の流れ

一般的には、新製品の開発は、以下の段階を経て行われます。

①　要素技術開発
②　製品開発
③　製品改良

これを**図 5-4-1** に示します。

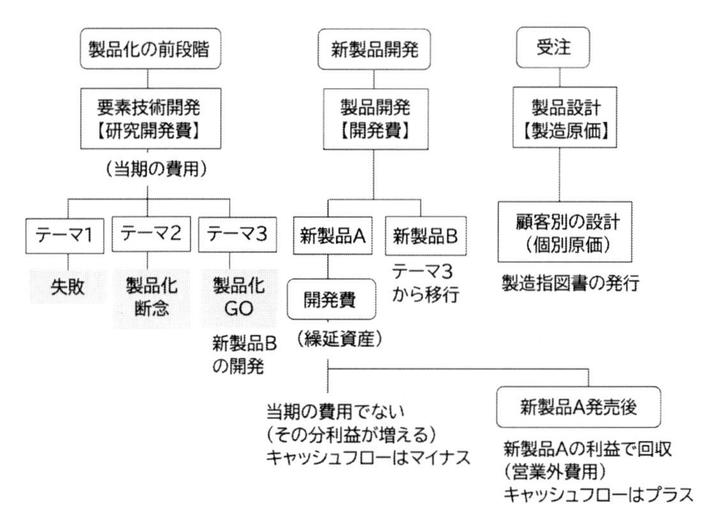

図 5-4-1　製造原価と開発費、研究開発費

①　要素技術開発

十分に確立されていない技術を新製品に使用すれば、技術開発と製品開発を同時に行わなければなりません。技術開発は失敗も多く、失敗すれば製品開発も遅れてしまいます。

そこで新しい技術を採用する場合、製品の設計前に先行して要素技術開発を行います。具体的には簡単な実物モデル（通称：ベンチテスト機）をつくって、「必要な性能は得られるか」「性能は安定しているか」確認します。

図 5-4-1 の要素技術開発は、

テーマ 1：失敗

テーマ 2：技術は完成、しかし製品化は困難なため断念

テーマ 3：予定通りの性能が得られ、「新製品 B」の開発に移行

テーマ 1、テーマ 2 は失敗しましたが、そこで多くの知見を得て自社の技術力は高くなりました。

② 製品開発

要素技術開発で性能が確認できれば、製品化に移行します。

① 試作機を設計

② 試作機を組立・調整

③ 試作機をテスト・評価

業界によっては、一時試作、二次試作、量産試作と何段階も試作や評価を行います。顧客に製品を納めてフィールドテストを行うこともあります。

この要素技術開発や製品開発にかかった費用は「試験研究費」や「開発費」です。

③ 製品改良

試作機の評価が完了すれば、量産に移行します。量産に移行すれば、開発（設計）の仕事は製品の改良や発生する問題の対処です。

一方、顧客の要望に応じて、製品の一部をその都度設計する場合、量産に移行しても設計業務が発生します。この時の設計費用は「製造原価」です。

2）研究開発費と試験研究費

開発に関する費用は、以下の３種類があります。

（1）研究開発費

（2）試験研究費

（3）開発費

これは企業会計原則と税法の違いによるものです（**図 5-4-2**）。

【企業会計原則】（上場企業・大企業）

研究開発費 毎期費用として計上（販管費）	【研究】 新しい知識の発見を目的とした計画的な調査及び探究 【開発】 ● 新しい製品・サービス・生産方法の計画や設計 ● 既存の製品等を著しく改良するための計画や設計、そのために研究の成果やその他の知識を具体化すること

【税法】

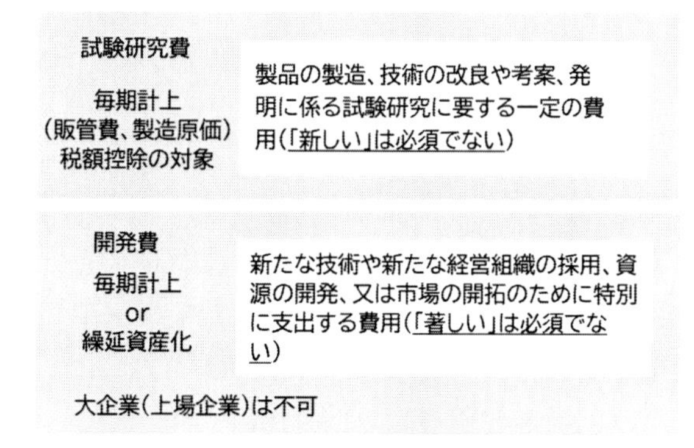

図 5-4-2　研究開発費、試験研究費と開発費

大企業（上場企業）は企業会計原則に従います。その場合、開発にかかった費用は「研究開発費」として毎期計上します。ただし研究開発費は、**図 5-4-2** の【研究】、または【開発】の条件に当てはまる必要があります。

研究：**新しい**知識の発見を目的とした計画的な調査及び研究

開発：新しい製品の・サービス・生産方法の計画や設計

既存の製品等を**著しく**改良するための計画や設計、そのために研究の成果やその他の知識を具体化すること

中小企業は、企業会計原則に従う必要はないため、開発費については税法に従います。税法の開発費には、試験研究費と開発費の２つがあります。

試験研究費：製品の製造、技術の改良や考案、発明に係る試験研究に要する一定の費用（「新しい」は必須でない）

開発費　　：新たな技術や新たな経営組織の採用、資源の開発、又は市場の開拓のために特別に支出する費用（「著しい」は必須でない）

税法の研究や開発は、「新しい」「著しい」が必要でなく、企業会計原則よりも緩くなっています。場合によっては試作や展示会のサンプルも対象になります。

また開発費は、毎期費用計上する他に、繰延資産として複数年にわたって計上することもできます。

3）中小企業が開発費を管理するメリット

毎年継続して研究開発を行っている企業は、研究開発予算を立てています。この研究開発予算は業種や規模により様々です。売上高に対する研究開発費の比率は、

日本の全産業の平均　　　　　　：3.4%
トヨタ、ソニーなど国内の大企業：4 ～ 6%
インテルやマイクロソフトなど　：15%

インテルやマイクロソフトの研究開発費が高いのは、それを上回る利益があるからです。彼らは高い利益を出して、その多くを研究開発に投入して技術的な優位を維持しています。

大企業のような研究開発を行っている中小企業は多くありません。しかし研究開発でなくても、上記の定義に当てはまれば、試験研究費や開発費にできます。試験研究費や開発費は以下のメリットがあります。

① 節税（税額控除）
② 繰延資産化

①　税額控除

研究開発費の２～14%（中小企業は12～17%）は税額控除を受けられます。（控除額は最大25%）利益が出ている企業は節税効果があります。

②　繰延資産化

開発している製品の完成が翌期以降の場合、今期は収益を生みません。その場合、開発費を繰延資産として、翌年以降複数年にわたり費用とすることができます。これは減価償却費と同様の考え方です。

こうしたメリットを受けるためには、研究開発費が他の費用と明確に区別されていなければなりません。

- 専用の製番を取り、発生する費用はその製番で記録する
- 開発に関係した人の費用も対象にできるため、かかった時間（のべ１か月以上が対象）を記録する

具体的には新たなテーマに取り組む前に経理や会計事務所と相談して、開発にかかった費用をどのように管理するか決めておきます。

これからは中小企業も技術的な優位性や製品の独自性が重要になってきます。また研究開発には様々な補助金もあります。補助金を活用すればリスクの高い開発にチャレンジできます。そのためにも研究開発費を他の費用と別に管理するメリットはあります。

4）開発費の回収

自社製品を開発する場合、開発にかかった費用は、製品を発売後、その製品がもたらす利益で回収します。多額の開発費をかけても、発売した製品の利益が少なければ開発費が回収できません。だったら開発しない方がお金は残ったかもしれません。

そこで新製品を開発する際は、開発費の回収計画を立てます。これ

はどのように計算すればよいでしょうか。

最初に発売までの開発費の総額を見積もります。そして製品を発売後、その製品が生み出す利益から開発費の回収期間を計算します。

Ａ社はＡ４製品を受注するにあたり、新たな技術を自ら開発する必要がありました。その開発費として300万円を見込みました。このＡ４製品の製造原価、販管費、受注価格を**図 5-4-3** に示します。

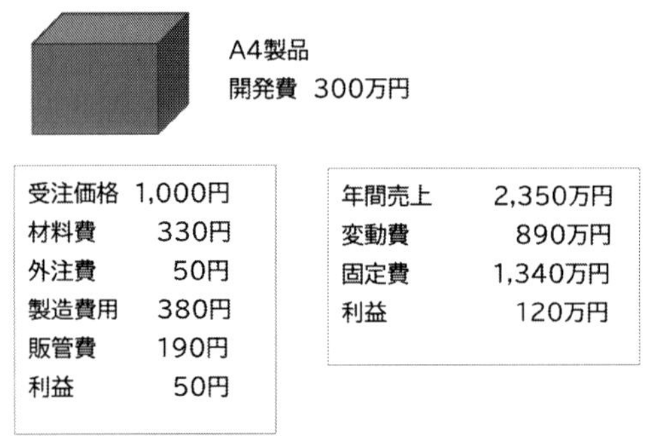

図 5-4-3　A4 製品

Ａ４製品の開発費の回収計画を**表 5-4-1** に示します。

表 5-4-1　A4 製品の開発費の回収　　**単位：万円**

	1年	2年	3年	4年	5年
売上			毎年 2,350		
利益			毎年 120		
回収残	▲ 180	▲ 60	60	180	300

開発費300万円は毎期120万円ずつ回収され、3年間で回収は完了します。５年後には開発費を回収した上、お金は300万円プラスになります。

実際は、開発費（人件費、材料やその他の経費）の支払いは生産開始時には終わっています。回収した開発費を過去に遡って使えるわけではありません。

実は回収した開発費は、次の製品の開発に使われます。もし開発費が回収できなければ、次の開発の費用が不足し、開発が続けられなくなります。

前述したように開発費は繰延資産にできます。開発費が発生した期は、まだ製品が完成しておらず収益はありません。そこで繰延資産として０年目の費用から除外し、１年目以降に分割して計上します。繰延資産にした方がよいかどうかは、その会社が利益が出ているかどうかで変わります。

ただし開発費を繰延資産にした場合、実際に残るお金と決算書の利益の乖離が大きくなります（利益だけでなくキャッシュフローを計算しないと毎期のお金の動きがつかめなくなります。これは設備投資と同じです）。

5）売上が減少する場合

設備投資と同様に販売量や価格が下落した場合はどうなるのでしょうか。

表 5-4-2 にＡ４製品の販売量が 3%/ 年で減少した場合の開発費の回収を示します。

表 5-4-2　販売量が 3%/ 年で減少した場合　　**単位：万円**

	1 年	2 年	3 年	4 年	5 年
売上	2,350	2,280	2,211	2,145	2,080
変動費	890	860	840	820	790
固定費			毎年 1,340		
利益	120	80	31	▲ 15	▲ 50
回収残	▲ 180	▲ 100	▲ 69	▲ 84	▲ 134

販売量が減少すれば、変動費は減少しますが、固定費は変わりません。そのため利益が年々減少します。３年後の回収残は▲ 69 万円、

開発費の回収はできず、4年目に利益がマイナスになるため開発費は回収できません。

これは販売量が減少する場合ですが、3節で示したように販売価格が減少する場合、利益の低下はより顕著になります。

開発した製品が見込み通りに売れるとは限りません。市場価格が予想よりも低下することもあります。それでも開発費を回収するためにはもっと利益率の高い製品を開発します。

一方、開発費が回収できなくても、開発した技術は自社の資産です。それが他の製品にも波及して、利益率の向上や新たな販路に結びつくならば、開発費が回収できなくても開発する価値はあります。

6) まとめ

(1) 開発の流れは、要素技術開発→製品開発→改良設計

(2) 企業会計原則(大企業)では研究開発費、税法では、試験研究費と開発費

(3) 中小企業が開発費を管理するメリットは、
- 試験研究費は12〜17%(中小企業)の税額控除が受けられる
- 開発費は繰延資産化が可能

そのためには開発費を分けて集計する必要がある

(4) 開発費の回収は販売する製品の利益で行う。回収した開発費は次の製品の開発に充てられる

(5) 売上が減少する場合、回収期間が長くなる。
売上減少が予測される場合は、利益率をより高くする

あとがき

ここまで読んでいただきありがとうございました。本書で説明した方法により、不良損失、検査追加など現場で起きていることを金額で把握できます。そこから「利益を増やす」具体的なアクションを起こすことができます。

このようなことは経営者や幹部はわかっていても、担当者は理解していないことも多いものです。そのため担当者が間違ったことをしてしまうケースも見ました。それを防ぐために、工場のお金に対する理解を全員が深めることに本書がお役に立てば幸いです。

一方、本書で述べたことを仕組みとして定着するためには、個別原価が簡単にわかる必要があります。これは現場がひとつしかなければエクセルでも計算できます。しかし実際の現場は無人加工や有人加工、部門ごとに異なる間接費用の分配があり計算は複雑です。

そこで簡単に個別原価を計算できる汎用的なアルゴリズムを開発し、安価で使いやすい原価計算システム「利益まっくす」を開発しました。

「利益まっくす」は最小限の入力で使えるシンプルなシステムです。設定は当社が行うため導入後はすぐに使えます。設定や打合せをオンラインで行うことで、遠方のお客様にも使っていただいています。ご関心のある方は下記をご参照ください。

https://ilink-corp.co.jp/riekimax.html

本書に関してご意見・ご質問があれば、以下のアドレスにお気軽にお送りください。返信に時間がかかる場合もありますが必ずご返答させていただきます。

terui@ilink-corp.co.jp

巻末資料１　モデル企業の詳細

モデル企業は本書用に作成した架空のものです。

切削加工Ａ社

①　設備で製造する現場

- マシニングセンタ 1（小型）
- マシニングセンタ 2（大型）
- ＮＣ旋盤
- ワイヤーカット放電加工機

②　人のみの現場

- 組立
- 出荷検査（検査費用は見積に入っている）
- 設計（設計費用は見積に入っている）

損　益　計　算　書

I 営　業　利　益		
当期売上高	400,000,000	
売上値引戻り高	0	400,000,000
II 営　業　費　用		
期首棚卸高	2,000,000	
当期製造原価	309,649,583	
合計	311,649,583	
期末棚卸高	2,000,000	309,649,583
売上総利益		90,350,417
III 販売費および一般管理費		
役員報酬	10,000,000	
給与手当	17,000,000	
法定福利費	4,000,000	
減価償却費	2,000,000	
支払手数料	3,000,000	
リース料	4,000,000	
雑費	4,000,000	77,000,000
営業利益		13,350,417

製　造　原　価　報　告　書

I 材　料　費		
期首材料棚卸高	3,000,000	
材料仕入	105,000,000	
材料費合計	108,000,000	
期末材料棚棚卸高	3,000,000	105,000,000
II 労　務　費		
賃金	102,200,000	
法定福利費	12,824,000	115,024,000
III 外　注　費		
外注加工費	30,000,000	30,000,000
IV 製　造　経　費		
電気代	13,000,000	
水道光熱費	1,000,000	
修繕費	3,000,000	
保守料	2,000,000	
雑費	3,000,000	
減価償却費	20,000,000	59,625,583
V 製　造　原　価		
期首仕掛品棚卸高	2,000,000	
当期製造費用	309,649,583	
期末仕掛品棚卸高	2,000,000	309,649,583

樹脂成型加工 B 社

① 設備で製造する現場

- ローダー付き射出成形機（無人加工）
  50 トン、180 トン、280 トン、450 トン
- インサート成型用射出成形機（有人加工）
  180 トン、280 トン

② 人のみの現場

- 出荷検査（検査費用は見積に入っている）

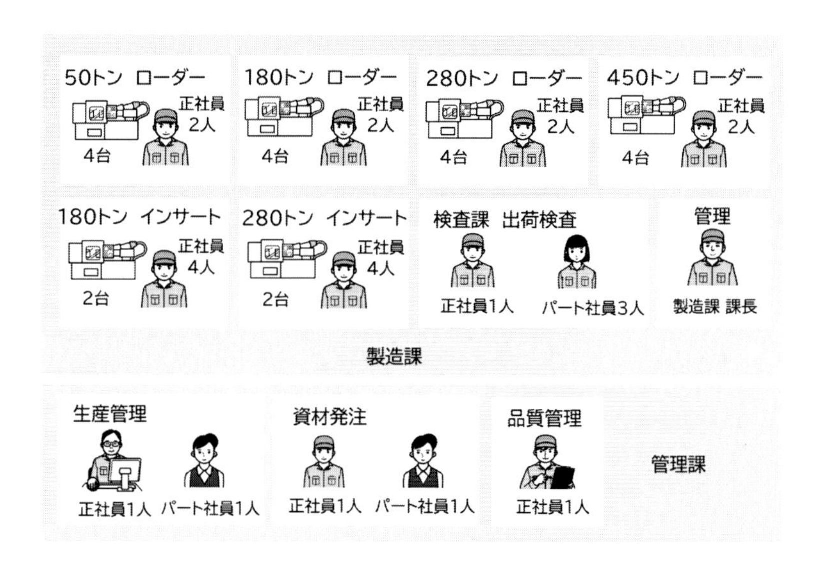

損益計算書

Ⅰ営　業　利　益		
当期売上高	500,000,000	
売上値引戻り高	0	500,000,000
Ⅱ営　業　費　用		
期首棚卸高	2,000,000	
当期製造原価	411,120,000	
合計	413,120,000	
期末棚卸高	2,000,000	411,120,000
売上総利益		88,880,000
Ⅲ　販売費および一般管理費		
役員報酬	10,000,000	
給与手当	17,000,000	
法定福利費	8,000,000	
減価償却費	2,000,000	
支払手数料	3,000,000	
リース料	4,000,000	
雑費	4,000,000	81,000,000
営業利益		7,880,000

製造原価報告書

Ⅰ材　料　費		
期首材料棚卸高	3,000,000	
材料仕入	250,000,000	
材料費合計	253,000,000	
期末材料棚棚卸高	3,000,000	250,000,000
Ⅱ労　務　費		
賃金	82,296,000	
法定福利費	8,824,000	91,120,000
Ⅲ外　注　費		
外注加工費	10,000,000	10,000,000
Ⅳ製　造　経　費		
電気代	23,000,000	
水道光熱費	1,000,000	
修繕費	3,000,000	
保守料	2,000,000	
雑費	3,000,000	
減価償却費	20,000,000	
		60,000,000
Ⅴ製　造　原　価		
期首仕掛品棚卸高	2,000,000	
当期製造費用	411,120,000	
期末仕掛品棚卸高	2,000,000	411,120,000

巻末資料２　計算の詳細

第３章１節　設備の大きさによる原価の違いのアワーレート計算の詳細を示します。

１　切削加工Ａ社

Ａ社のマシニングセンタ1（小型）とマシニングセンタ2（大型）のアワーレートを計算します。マシニングセンタ1（小型）とマシニングセンタ2（大型）の現場の設備を下図に示します。

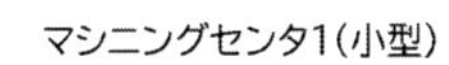

	4年目	8年目	11年目	12年目
減価償却費	215万円	138万円	0万円	0万円
実際の償却費	140万円	140万円	140万円	140万円
電気代	18.4万円	18.4万円	18.4万円	18.4万円

マシニングセンタ2(大型)

	4年目	8年目	11年目	12年目
減価償却費	430万円	275万円	0万円	0万円
実際の償却費	280万円	280万円	280万円	280万円
電気代	36.8万円	36.8万円	36.8万円	36.8万円

図　マシニングセンタ1（小型）とマシニングセンタ2（大型）

どの設備も同じ操業時間と稼働率とします。

操業時間：2,200時間

稼働率　：0.8

直接費用（実際の償却費＋電気代）のアワーレート（設備）は

$$直接製造費用のアワーレート（設備）＝\frac{（実際の償却費＋電気代）合計}{実稼働時間合計}$$

マシニングセンタ 1（小型）の（実際の償却費＋電気代）合計
＝(140 ＋ 18.4) × 4 ＝ 633.6 万円

$$アワーレート（設備）= \frac{633.6 \times 10^4}{2,200 \times 0.8 \times 4}$$

$$= 900 円 / 時間$$

マシニングセンタ 2（大型）の（実際の償却費＋電気代）合計
＝(280 ＋ 36.8) × 4 ＝ 1,267.2 万円

$$アワーレート（設備）= \frac{1,267.2 \times 10^4}{2,200 \times 0.8 \times 4}$$

$$= 1,800 円 / 時間$$

マシニングセンタ 1（小型）の現場の作業者を下図に示します。

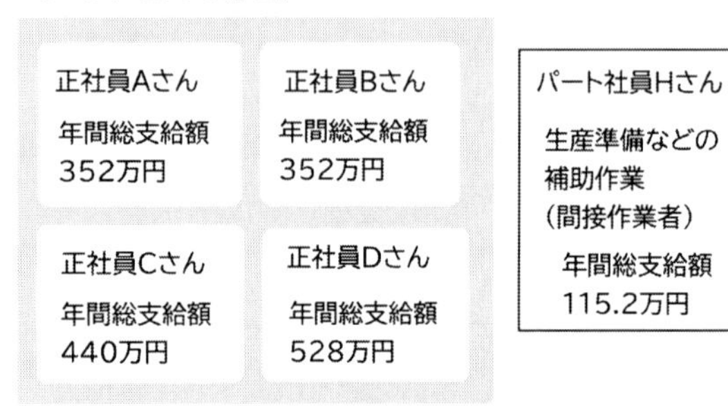

図　マシニングセンタ 1（小型）の現場の作業者

マシニングセンタ 1（小型）は間接作業者がいるため、以下の式で計算します。

マシニングセンタ 1（小型）

直接作業者の年間費用合計＝ 352 ＋ 352 ＋ 440 ＋ 528=1,672 万円

間接作業者も含めたアワーレート（人）

$$=\frac{（直接）作業者の年間費用合計＋間接作業者の年間費用合計}{（直接）作業者の（就業時間 ×稼働率）の合計}$$

$$=\frac{(1,672+115.2)\times 10^4}{2,200\times 0.8\times 4}$$

$$= 2,539 \fallingdotseq 2,540 円 / 時間$$

マシニングセンタ 1(小型) の現場の人の費用 (直接＋間接) から計算したのアワーレート (人) は 2,540 円 / 時間でした。

同様にマシニングセンタ 2(大型) の作業者を下図に示します。

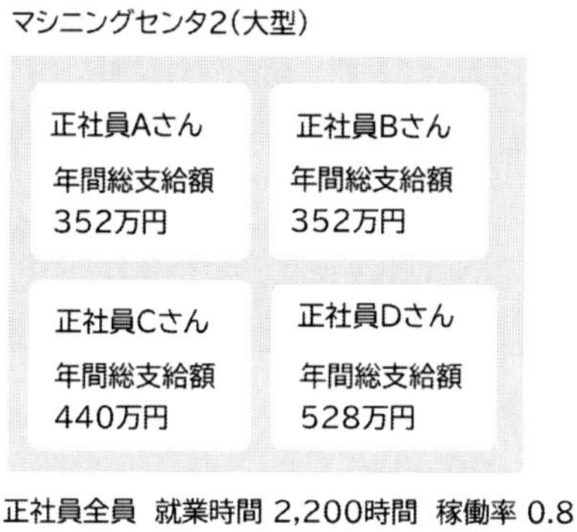

図　マシニングセンタ 2(大型) の現場の作業者

マシニングセンタ 2(大型) の現場には間接作業者はいないため、直接作業者のみで計算します。

マシニングセンタ 2(大型) の直接作業者の年間費用合計
$= 352 + 352 + 440 + 528=1,672$ 万円

$$アワーレート（人）=\frac{1,672\times 10^4}{2,200\times 0.8\times 4}$$

$$= 2,375 \fallingdotseq 2,380 円 / 時間$$

A社は間接製造費用を各現場の直接製造**費用**に比例して分配します。そこで現場毎に人と設備の直接製造費用を合計します。

マシニングセンタ1（小型）＝設備の年間費用合計＋人の年間費用合計
＝ 633.6 ＋ 1,672 ＋ 115.2
＝ 2,420.8 万円

マシニングセンタ2（大型）＝設備の年間費用合計＋人の年間費用合計
＝ 1,267.2 ＋ 1,672
＝ 2,939.2 万円

同様に他の現場も直接製造費用を合計し、そこから各現場の費用の比率を計算します。この比率に応じて間接製造費用を分配しました。この分配計算は「利益まっくす」で行いました。その結果、間接製造費用の分配は、

マシニングセンタ1（小型）：1,160 万円
マシニングセンタ2（大型）：1,480 万円

人と設備の直接製造費用に、この間接製造費用を等分します。そしてアワーレート間（人）、アワーレート間（設備）を計算します。

マシニングセンタ1（小型）

$$\text{アワーレート間（人）} = \frac{\text{人の年間費用合計＋間接製造費用の分配}}{\text{各（直接）作業者の（就業時間×稼働率）の合計}}$$

$$= \frac{(1{,}672+115.2 + 1{,}160/2) \times 10^4}{2{,}200 \times 0.8 \times 4}$$

$$= 3{,}363 \fallingdotseq 3{,}360 \text{ 円 / 時間}$$

マシニングセンタ2（大型）

$$\text{アワーレート間（人）} = \frac{\text{人の年間費用合計＋間接製造費用の分配}}{\text{各（直接）作業者の（就業時間×稼働率）の合計}}$$

$$= \frac{(1{,}672 + 1{,}480/2) \times 10^4}{2{,}200 \times 0.8 \times 4}$$

$$= 3{,}426 \fallingdotseq 3{,}430 \text{ 円 / 時間}$$

マシニングセンタ1（小型）

$$\text{アワーレート}_{\text{間(設備)}} = \frac{\text{設備の年間費用合計}+\text{間接製造費用の分配}}{\text{各（直接）設備の（操業時間}\times\text{稼働率）の合計}}$$

$$= \frac{(633.6 + 1{,}160/2) \times 10^4}{2{,}200 \times 0.8 \times 4}$$

$$= 1{,}724 \fallingdotseq 1{,}720 \text{円/時間}$$

マシニングセンタ2（大型）

$$\text{アワーレート}_{\text{間(設備)}} = \frac{\text{設備の年間費用合計}+\text{間接製造費用の分配}}{\text{各（直接）設備の（操業時間}\times\text{稼働率）の合計}}$$

$$= \frac{(1{,}267.2 + 1{,}480/2) \times 10^4}{2{,}200 \times 0.8 \times 4}$$

$$= 2{,}851 \fallingdotseq 2{,}850 \text{円/時間}$$

アワーレート間（人）

　マシニングセンタ1（小型）：3,360円/時間

　マシニングセンタ2（大型）：3,430円/時間

アワーレート間（設備）

　マシニングセンタ1（小型）：1,720円/時間

　マシニングセンタ2（大型）：2,850円/時間

2　樹脂成型加工 B 社

B 社の射出成形機 50 トン〜 450 トンの実際の償却費とランニングコストを下図に示します。

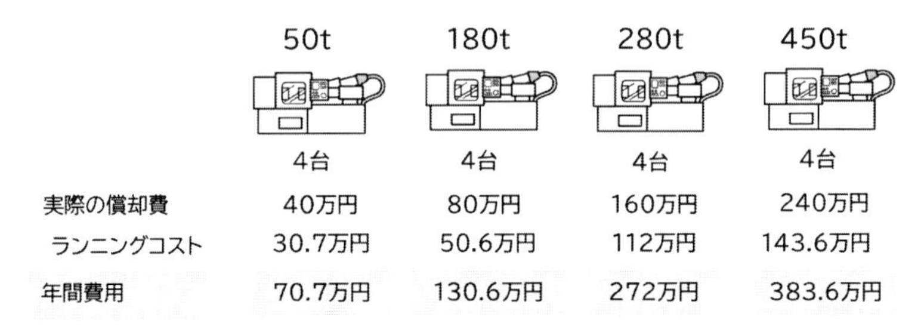

図　B 社の射出成形機の費用

今回はどの設備も同じ操業時間と稼働率とします。

操業時間：6,800 時間

稼働率　：0.8

50トンの（実際の償却費＋電気代）合計＝(40+30.7) × 4 ＝ 283 万円

$$\text{直接製造費用のアワーレート（設備）} = \frac{\text{（実際の償却費＋電気代）合計}}{\text{実稼働時間合計}}$$

$$\text{アワーレート間（設備）} = \frac{283 \times 10^4}{6{,}800 \times 0.8 \times 4}$$

$$= 130 \text{ 円 / 時間}$$

同様に他の設備も計算します。その結果

50 トン ：130 円 / 時間

180 トン : 240 円 / 時間

280 トン : 500 円 / 時間

450 トン : 700 円 / 時間

450 トンのアワーレート（設備）は 50 トンの 5 倍でした。

各現場の作業者は、

作業者①：352 万円　4 人

作業者②：440 万円　4 人

実際は 4 つの現場を合わせて、8 人の作業者がいます。この 8 人が 4 人ずつ交代勤務を行い、4 つの現場合わせて 16 台の成形機を動かしています。

設備毎の人の費用を計算するために、便宜的に各現場に 2 人ずつ割り当てました。

作業者の就業時間と稼働率は全員、

就業時間：2,200 時間

稼動率　：0.8

としました。50 トンの成形機の現場のアワーレート（人）は

アワーレート間（人）

$$= \frac{\text{各（直接）作業者の年間費用合計}}{\text{各（直接）作業者の（就業時間×稼働率）の合計}}$$

$$= \frac{(352 + 440) \times 10^4}{2{,}200 \times 0.8 \times 2} = 2{,}250\text{ 円 / 時間}$$

4 つの現場の人件費と就業時間は同じです。そのためアワーレート（人）も同じ 2,250 円 / 時間でした。

B 社のローダー付き成形機は無人加工を行っています

この時、作業者の 1 日の中で、段取時間と加工時間の比率は

段取：40%（直接製造費用）

加工：60%（設備の間接製造費用）

でした。加工中の作業者の費用は、設備の間接製造費用です。

50 トンの現場の段取時間の年間合計は

作業者の段取時間合計＝就業時間×稼働率×人数×段取％
＝ 2,200 × 0.8 × 2 × 0.4
＝ 1,408 時間

加工の作業者の時間＝ 2,200 × 0.8 × 2 × 0.6
＝ 2,112 時間

50 トンの成形機の操業時間は 6,800 時間、成形機の段取時間は作業者の段取時間 1,408 時間です。従って、人と設備の段取時間と加工時間は

作業者（段取）：1,408 時間
作業者（加工）：6,800-1,408=2,112 時間（設備の間接製造費用）
設備（段取）　：1,408 時間

設備（加工）＝ 6,800 × 0.8 × 4 － 1,408
＝ 20,352 時間

B 社は、間接製造費用を各現場の直接製造**時間**に比例して分配しました。分配計算は「利益まっくす」で行いました。その結果、間接製造費用は

作業者（段取）：32 万円
設備（段取）　：32 万円
設備（加工）　：945 万円

でした。この結果から、間接製造費用を含んだアワーレートを計算します。この時、加工中の作業者の費用は、設備の間接製造費用としてアワーレート（設備）の計算に加えます。

$$\text{アワーレート間(人)} = \frac{\text{人の年間費用合計} \times \text{段取\%} + \text{間接製造費用分配}}{(\text{就業時間} \times \text{稼働率})\text{合計} \times \text{段取\%}}$$

$$= \frac{((352 + 440) \times 0.4 + 32) \times 10^4}{1{,}408}$$

$$= 2{,}477 \fallingdotseq 2{,}480 \text{円/時間}$$

50 トンの設備の年間費用＝（40+30.7）× 4

＝ 283 万円

この費用を段取と加工に分配します。分配は「利益まっくす」で行いました。その結果

設備費用（段取）：18.7 万円

設備費用（加工）：264.3 万円

$$アワーレート間（設備）段取 = \frac{段取の設備費用＋間接製造費用分配}{段取時間合計}$$

$$= \frac{(18.7 + 32) \times 10^4}{1,408}$$

＝ 360 円 / 時間

アワーレート間（設備）加工

$$= \frac{加工の設備費用＋間接製造費用（人）＋間接製造費用分配}{加工時間合計}$$

$$= \frac{(264.3 + (352 + 440) \times 0.6 + 945) \times 10^4}{20,352}$$

＝ 828 ≒ 830 円 / 時間

同様に他の設備も計算した結果

	段取	加工
50 トン	360 円 / 時間	830 円 / 時間
180 トン	470 円 / 時間	930 円 / 時間
280 トン	730 円 / 時間	1,190 円 / 時間
450 トン	940 円 / 時間	1,400 円 / 時間

加工のアワーレートは、450 トンと 50 トンの差は 1.7 倍になりました。

索引

【た】

【な】

【は】

【ま】

【や】

【ら】

著者略歴

1962年愛知県生まれ。豊田工業高等専門学校　機械工学科卒業。
産業機械メーカー（(株）フジ）にて24年間、製品開発、品質保証、生産技術に従事。
2011年退社、（株）アイリンクを設立し、決算書を元にアワーレートを計算する独自の手法で、中小・小規模企業に原価計算の仕組みづくりのコンサルティングを行う。
この手法を活用した「数人の会社から使える個別原価計算システム『利益まっくす』」を自社で開発、さらに原価計算に関する情報を経営コラム「中小企業の原価計算と見積」で発信している。詳細は下記を参照。
https://ilink-corp.co.jp/

【新版】中小企業・小規模企業のための個別原価計算の手引書 - 実践編 -

2023年11月初版発行
著者　照井清一
定価　本体価格 3,000円＋税
発行　株式会社アイリンク
〒444-0835 愛知県岡崎市城南町２丁目１３－４
TEL　0564-77-6810
URL　:　https://www.ilink-corp.co.jp
発売　株式会社三恵社
〒462-0056 愛知県名古屋市北区中丸町２―２４－１
TEL　052-915-5211　FAX　052-915-5019
URL　:　https://www.sankeisha.com/

 ISBN 978-4-86693-868-4 C3053 ¥3000E